Joachim Franz, 2009 von Reader's Digest als »Europäer des Jahres« ausgezeichnet, gilt als einer der erfolgreichsten modernen Abenteurer, der es nicht nur schafft, zahlreiche Menschen bei seinen Aids-Awareness-Expeditionen zu motivieren, sondern als Trainer und Speaker auch Führungskräfte zum Nach- und Umdenken bringt. *Christof Kreimeyer* ist Psychologe und Psychotherapeut und arbeitet u. a. als Berater, Coach und Trainer in Unternehmen. *Uwe Kuntz* ist stellvertretender Vorstandsvorsitzender der Sparkasse Saarbrücken.

Joachim Franz,
Christof Kreimeyer,
Uwe Kuntz

Das Hannibal-Prinzip

Mutig führen, menschlich bleiben

Campus Verlag
Frankfurt / New York

Bildrechte der Abbildungen
Seite 12: DIAMIR Erlebnisreisen GmbH,
Seite 100, 103: *Abenteuerhaus*,
Seite 126: *Abenteuerhaus / Jörg Ehrlich*

Bibliografische Information der Deutschen Nationalbibliothek.
Die Deutsche Nationalbibliothek verzeichnet diese Publikation in der Deutschen Nationalbibliografie; detaillierte bibliografische Daten sind im Internet unter http://dnb.d-nb.de abrufbar.
ISBN 978-3-593-39112-0

Umschlaggestaltung: R.M.E, Roland Eschlbeck und Rosemarie Kreuzer
Umschlagmotiv: © corbis, Düsseldorf
Satz: Campus Verlag, Frankfurt am Main
Druck und Bindung: Druckhaus »Thomas Müntzer«, Bad Langensalza
Gedruckt auf Papier aus zertifizierten Rohstoffen (FSC/PEFC).
Printed in Germany

Besuchen Sie uns im Internet: www.campus.de

Inhalt

Der Kilimandscharo, Tansania

Einleitung

Das grüne Tor zum Kilimanjaro National Park ragt hoch vor uns auf. Wir sind in Afrika, Tansania, und doch noch mitten in der Zivilisation mit ihren lauten Lastwagen, bunten Blechdächern und Plastikmüllsäcken. Wenn sich das rote Eisengitter hinter uns schließt, ändert sich ein für alle Mal alles. Wir tauchen in eine andere Welt ein.

Der Tropenwald nimmt uns gefangen mit einer schwülen, irren Hitze, die uns das Atmen schwer macht. Durch dichten Palmen- und Farnwald wandern wir langsam einen breiten Weg entlang, der noch so komfortabel ausgebaut ist wie ein Spazierweg im Saarland, von Kilometer zu Kilometer aber schmaler werden, uns durch Grasland führen und sich schließlich in eine ungefähre Route über Geröllwüsten und Steilhänge verwandeln wird.

Acht Manager haben sich auf das Abenteuer eingelassen, den Kilimandscharo zu besteigen. Nicht einer von ihnen trägt jetzt noch eine trockene Faser am Leib. Joachim Franz führt die Expedition an. Er sagt keinen Ton, geht einfach gleichmäßig voran, läuft in die Stille. Um die Mittagszeit schweigt der Tropenwald. Die Männer hören nichts als ihre eigenen Schritte und ihren Atem.

In diesem Schweigen liegt die Chance – und der Schock. Der Langstreckenflug, die holprige Fahrt mit dem Jeep, die erste Nacht in der behaglichen Meru View Lodge mit ihren orange getünchten Wänden, das war noch die Betriebsamkeit eines Abenteuerurlaubs, wie ihn jeder der Manager schon erlebt hat.

Aber jetzt sind die Mobiltelefone tot. Es gibt kein Fax, kein WLAN, keine Sekretärin, keine Espressomaschine. Keiner sagt mehr ein Wort. Der Wald raschelt, die Erde riecht nach Regen. Langsame Schritte, über Stunden, darauf reduziert sich die gesamte Existenz. Dankbarkeit für eine Pause, Wasser, Obst. Braucht man eigentlich mehr?

Abends fangen die Affen an zu schreien und zu toben. Die Finsternis in der Nacht ist viel schwärzer und der Himmel größer als der über Deutschlands Städten. Riesige Sterne, grenzenlose Galaxien zeigen sich über Afrika. Es wird sehr kalt.

Am Ende der ersten Etappe steht keine heiße Dusche, keine Toilette, kein Steak, kein Bier an der Bar, kein weiches Bett im Sternehotel. Stattdessen Reis und einfaches Gemüse, Tee und eine dünne Isomatte auf Geröllboden im Zweimann-Zelt. Afrika wird wahr.

Das sind die Rahmenbedingungen, in denen jeder brutal auf sich selbst zurückgeworfen wird – und auf die Gruppe. Mit der Anmeldung zu dieser Expedition hat jeder der Topmanager bereits Mut bewiesen. Jetzt heißt es: Durchhalten! Die eigene Angst aushalten und das Gefühl der Hilflosigkeit. Die bitteren Symptome der Höhenkrankheit durchstehen. Montezumas Rache überstehen. Völlig erschöpft vor einer riesigen, schwarzen Felswand stehen und wissen: Da muss ich jetzt hoch.

Der Kilimandscharo zeigt an jedem Tag der Etappe ein völlig anderes Bild. Mit der Veränderung der Natur vollzieht sich die eigene Veränderung. Die Gruppe wächst zusammen und entwickelt eine unglaubliche Solidarität. Wer schwächelt, wird von den anderen aufgefangen.

Nach und nach finden die Führungskräfte ihre Sprache wieder – doch es ist nicht mehr die Sprache der Meetings, der Vorträge, der professionellen Telefonate, der kurzen Anweisungen an die Assistentin. Es sind sehr persönliche Themen, die jetzt hochkommen: tiefe

Zweifel am eigenen Führungsstil, an der eigenen Karriere und – ja, auch – an der eigenen Ehe und Familie. Trauer bricht sich Bahn darüber, wie ein Leben vordergründig so erfolgreich, doch tatsächlich so am *echten* Leben vorbei verlaufen kann. Es geht um elementare Themen:

- **Mut:** Warum bin ich überhaupt zu dieser Expedition aufgebrochen? Was suche ich?
- **Disziplin:** Was heißt für mich *durchhalten*? Bis zu welchem Punkt bin ich bereit und fähig, diese Tour zu gehen?
- **Intelligenz:** Wie teile ich meine Ressourcen so ein, dass sie bis zum Gipfel reichen?
- **Vertrauen:** Wie ordne ich mich als Manager in dieser Gruppe dem Expeditionsleiter unter? Gelingt es mir, ihm wirklich zu vertrauen?
- **Menschlichkeit:** Kehre ich aus Solidarität mit einem anderen um – und verzichte für ihn auf meinen Gipfelsturm?
- **Glaubwürdigkeit:** Was ist mir wirklich wichtig im Leben? Für was stehe ich authentisch ein? Wer bin ich eigentlich? Und wer möchte ich sein?

Und plötzlich ist der Gipfel nicht mehr wichtig. Der Weg ist wichtig, die Gemeinschaft und die gemeinsamen Werte. Und dass jeder heil nach Hause kommt.

Das war 2008. Lediglich zwei Teammitglieder haben den Gipfel erreicht. Doch jeder der Teilnehmer an dieser Expedition hat einen Veränderungsprozess durchlebt. Für einige begann er noch während der Tour, für andere später. Für manche verlief er geschmeidig, für andere dramatisch.

Die Idee zu dieser Kilimandscharo-Expedition haben wir gemeinsam entwickelt. Wir, das sind Joachim Franz, der seit vielen Jahren als Expeditionsleiter und Motivationstrainer aktiv ist, Christof Kreimeyer, Psychologe und Führungskräfte-Coach, und Uwe Kuntz, Vorstandsmitglied der Sparkasse Saarbrücken. Zusammen haben wir das Konzept auf ein theoretisches Fundament und unter das Motto *Hannibal-Prinzip* gestellt – und an den Anfang einer gesamten Expeditionsreihe. Jede der Expeditionen soll zu einem anderen Abenteuer führen und einen bestimmten Wert in den Mittelpunkt stellen – wobei sich die Ziele Jahr für Jahr ändern können:

- **Mut:** Kilimandscharo
- **Disziplin:** Finnland/Namibia
- **Intelligenz:** La Réunion
- **Vertrauen:** Südafrika
- **Menschlichkeit:** Indien

Warum reisen wir durch die Welt, um uns mit Werten zu befassen? Zum einen sind wir davon überzeugt, dass sich neues Denken und neues Handeln am besten durch gezielte Irritation initiieren lassen. Nichts holt die Menschen besser aus ihrem Trott als Nacht und Nebel, Hitze und Kälte, Schnee und Wüste oder die Konfrontation mit ganz konkreter Not.

Zum anderen hat dies etwas mit der persönlichen Entwicklung von mir, Joachim Franz, zu tun. Viele Jahre bin ich als Extremsportler auf der Suche nach immer größeren Herausforderungen gewesen. Ich habe dabei einen hohen *Status* erreicht, aber ich bin nicht an dem Ziel angekommen, das ich gesucht habe. Das änderte sich, als ich meine Expeditionen mit dem weltweiten Kampf gegen HIV/Aids verbunden und ihnen damit einen tieferen *Sinn* gegeben habe. Sinn statt

Status, darum geht es. Wenn ich heute mit Managern und Mitarbeitern Expeditionen unternehme, geht es auch hier um nichts anderes als die Suche nach Sinn – um die Suche nach Werten.

Warum interessieren wir uns überhaupt für Werte? Die Krise der Finanzmärkte in den Jahren 2008/2009 zeigte drastisch, wohin wir kommen, wenn wir unserem Streben keine Leitplanken geben. Wir müssen und wir möchten uns auf moralische Werte zurückbesinnen. Dass diese Einschätzung von vielen Menschen geteilt wird, zeigen Umfragen wie die von Egon Zehnder International bei Schweizer Unternehmensführern: Hier fordern einige CEOs eine Rückbesinnung auf traditionelle Werte wie Ehrlichkeit, Bescheidenheit, Einsatz und Unternehmertum im Topmanagement. Charakter und Anstand kehren wieder in die Chefetagen zurück – zumindest wünschen sich das viele Führungskräfte.

Eine aktuelle Umfrage der GfK Marktforschung Nürnberg zeigt, dass die Mehrheit der befragten Deutschen (78,6 Prozent) sich im Moment lieber an bestimmten Werten orientieren als an Personen: sieben von zehn Bundesbürgern (70,5 Prozent) interessieren sich eher für die Moralvorstellungen von Vorbildern und weniger für die Personen an sich. Acht von zehn Befragten (83,3 Prozent) kritisieren, dass die meisten Menschen sich heutzutage eher fragwürdige Vorbilder, wie Models oder Popstars, aussuchen, und drei Viertel (73 Prozent) meinen denn auch, dass für sie Vorbilder vor allem »Helden des Alltags« seien. Mehr als jeder Zweite (56,3 Prozent) schreibt Vorbildern eine herausragende Funktion zu.

Wir brauchen Vorbilder. Sie geben Mut und Hoffnung, auch in schwierigen Situationen, sei es im Beruf oder im Privatleben.

Doch warum ausgerechnet Hannibal? Weil er *für uns* genau die Werte verkörpert, die Topmanager heute dringender brauchen denn je. *Für uns* schreiben wir, weil wir uns darüber bewusst sind, wie umstritten die historische Figur Hannibal ist und wie unklar die Quellenlage. Wir sind keine Historiker und erheben keinerlei Anspruch auf eine schlüssige, geschichtswissenschaftliche Analyse. Uns geht es um etwas völlig anderes:

Wir sehen Hannibal einerseits als herausragende Gestalt der antiken Geschichte, als historische Größe, die das Unmögliche gewagt hat: Mit einem unterlegenen Heer forderte er das Römische Reich heraus – die größte Militärmacht der damaligen Zeit – und zwang es beinahe zum Untergang.

Andererseits sehen wir Hannibal als Vision, Mythos und Ideal. Auf dieser Basis stellen wir Hannibals Persönlichkeit in den Vordergrund, zwar angelehnt an den historischen Hannibal, aber zugleich so weit von den (weitgehend unklaren) historischen Fakten entfernt, dass er als kraftvolles Idealbild die von uns herausgearbeiteten Wertvorstellungen illustrieren und Sie, lieber Leser und liebe Leserin, inspirieren und motivieren kann.

Und schließlich finden sich in der Figur Hannibals alle Autoren dieses Buches wieder:

- *Joachim Franz*, der als Abenteurer und Expeditionsleiter regelmäßig Grenzsituationen erlebt, in denen er unter schwierigsten Rahmenbedingungen richtig entscheiden, Menschen motivieren und kraftvoll führen muss, und der als ehemaliger VW-Schichtarbeiter trotz zahlreicher Erfolge und Ehrungen immer mitten im Team und auf dem Boden der Tatsachen bleibt.
- *Christof Kreimeyer*, der als Psychologe immer wieder Manager berät, die ihr Business als »Kriegsfeld« erleben, der sich intensiv und kritisch mit der *Kunst des Krieges* des chinesischen Militärstrategen und Philosophen Sun Tsu beschäftigt und sich auf dieser Basis der Führungsfigur Hannibal angenähert hat, der ein Berufsheer führte (kein Milizheer, wie das berühmte römische).

- *Uwe Kuntz*, der sich als Vorstandsmitglied einer großen, regionalen Sparkasse einerseits intensiv mit den Anforderungen an moderne Führung in der Praxis und dem strategischen Wandel von Unternehmen auseinandersetzt und gleichzeitig den Mut hat, sich in abenteuerlichen Expeditionen mit Joachim Franz der Führung eines anderen anzuvertrauen.

Unser Buch ist ein Appell an alle Menschen mit Führungsaufgaben (in welchen Rahmenbedingungen und auf welcher Ebene auch immer), ihre ganz persönlichen Werte zu entdecken. Entdecken Sie Ihren Mut, Ihre Disziplin und Ihre Intelligenz, Herausforderungen zu bewältigen. Entdecken Sie die Wucht des Scheiterns – und die unglaubliche Kraft, danach anders weiterzugehen, und vielleicht besser. Entdecken Sie Ihr Vertrauen und Ihre Menschlichkeit im Umgang mit anderen Menschen. Je mehr Sie sich mit diesen Werten auseinandersetzen – sei es unter den extremen Rahmenbedingungen einer Expedition oder innerhalb eines Seminars in Ihrem Unternehmen (dazu müssen Sie nicht notwendigerweise den Kilimandscharo besteigen), desto stärker werden Sie in Ihrer Führungspersönlichkeit, und desto mehr Glaubwürdigkeit strahlen Sie aus.

In diesem Buch stellen wir Ihnen ein Führungsprinzip vor, das markante Aspekte aus dem Leben und Handeln Hannibals herausgreift, um Parallelen vorzuschlagen und zu diskutieren. Ja – wir wollen Sie, lieber Leser, liebe Leserin, mitten in die Diskussion hineinziehen. Die schillernde und historisch durchaus kontrovers beurteilte Figur Hannibals eignet sich nicht als Ausgangsbasis für glatte Postulate – gerade deshalb finden wir sie so spannend:

Im ersten Kapitel möchten wir Ihnen Hannibal als Grenzüberschreiter mit starkem Rückgrat vorstellen – und die zentralen Werte, für die er für uns steht: Mut, Disziplin und Strenge, Intelligenz und

Klugheit, Vertrauen, Menschlichkeit und schließlich Glaubwürdigkeit.

Das zweite Kapitel setzt sich mit dem Phänomen des Helden auseinander. Welche Personen erleben und feiern wir als Helden? Warum tun wir das? Was können wir – auch und vor allem in der Welt der Wirtschaft – von Helden lernen? Und auf welche Irrwege schickt uns die Faszination, die von den »großen Männern« ausgeht?

Kapitel drei bietet Ihnen Einblicke in die Expeditionen von und mit Joachim Franz. Wir nehmen Sie mit auf den Kilimandscharo und nach Bolivien, zu eiskalten Nachtwanderungen und ans wärmende Lagerfeuer – und zeigen Ihnen, was passiert, wenn Führungskräfte gemeinsam Grenzen überschreiten.

Im vierten Kapitel entwickeln wir aus den bisherigen Kenntnissen und Erlebnissen mit Hannibal ein eigenes Führungsprinzip, das sich an Werten orientiert, auf Ziele fokussiert, neue Wege wagt, das Team konsequent in den Mittelpunkt stellt und die aktuelle Rolle der Führungskraft neu auslotet: zwischen der archaischen Vorstellung des Feldherrn (Hannibal) einerseits und der modernen Vorstellung des Impulsgebers im Netzwerk andererseits.

Das fünfte Kapitel schließlich wagt einen Brückenschlag von den diskutierten Werten zur aktuellen Debatte des Themas Nachhaltigkeit – das sich letztendlich als integraler Bestandteil des Hannibal-Prinzips und als Grundlage für erfolgreiches Wirtschaften erweist.

Wagen Sie die persönliche Reise zu Ihren Werten! Niemand weiß, wie sie genau für Sie aussehen wird, weil sie für jeden anders verläuft. Finden Sie es heraus. Sie können nur gewinnen – auch wenn Sie vielleicht nicht genau den Gipfel erreichen, den Sie ursprünglich im Blick hatten.

Kapitel 1

Hannibal: Grenzüberschreiter mit starkem Rückgrat

Nach existenziellen Schocks wie der jüngsten Krise der Weltwirtschaft besinnen wir uns regelmäßig auf fundamentale Werte und ihre heilsamen Wirkungen: *Mut, Disziplin, Intelligenz, Vertrauen, Menschlichkeit.* Wir sind überzeugt: Führungskräfte, die jeden dieser Werte mit ganzer Überzeugung leben, erlangen eine ganz entscheidende Qualität: *Glaubwürdigkeit.* Das ist das Format, das Manager brauchen, um unter den gegenwärtigen, extrem schwierigen Rahmenbedingungen erfolgreich zu führen. Und das ist das Format, das, soweit wir das heute rekonstruieren können, den karthagischen Feldherrn Hannibal auszeichnete.

Wer war Hannibal?

Gleich vorweg: Wir wissen es nicht genau. Wir wissen nicht, wie Hannibal aussah, denn kein einziges der gefundenen Bildnisse, Büsten oder Münzbilder lässt sich ihm zweifelsfrei zuordnen.

Wir besitzen auch keine zeitgenössischen Beschreibungen des karthagischen Feldherrn, weil die (mit Sicherheit in rühmendem Ton verfassten) Aufzeichnungen der Historiker Silenos und Sosylos, die Hannibal begleiteten, nicht mehr rekonstruierbar sind. Überliefert dagegen sind Geschichtswerke, die aus griechischer und römischer

Perspektive – also aus der Perspektive der Sieger – verfasst, aber allesamt mit großem zeitlichen Abstand entstanden sind. Und so müssen wir heute vermuten, dass zahlreiche Klischees, die über die Karthager oder Punier, wie sie von den Römern genannt wurden (*poeni*, abgeleitet von ihrem Herkunftsort Phönizien), die tatsächliche Persönlichkeit und die Handlungen Hannibals grob übertünchten. Insbesondere die oft wiederholten und üppig illustrierten Vorwürfe der List, der Grausamkeit und der Habgier, die dem Feldherrn gegenüber erhoben wurden, haben hier ihren Ursprung.

Wie Hannibal dargestellt wird, ist jeweils stark abhängig von der Zeit, aus der die Beschreibung stammt, und von der individuellen Perspektive der zahlreichen Autoren. Die Einschätzungen gehen weit auseinander: So wird Hannibal einerseits als Patriot, Freiheitskämpfer und herausragende Persönlichkeit beschrieben, und andererseits als zwar militärisches Genie, das jedoch lediglich in die Fußstapfen des Vaters getreten ist und sich von diesem auf den Hass gegen Rom hat einschwören lassen.

Der Althistoriker Karl Christ, 2008 verstorbener ehemaliger Professor an der Philipps-Universität Marburg, würdigt Hannibal als »*eine in jeder Hinsicht große Gestalt, ein Charakter karthagischer Provenienz, aber universellen Wirkens und Ranges*«, während Jakob Seibert, emeritierter Professor für Alte Geschichte an der Ludwig-Maximilians-Universität München, sich vor Kritik nicht scheut: Seiner Ansicht nach war Hannibal zwar ein »*hervorragender Logistiker und Schlachtentaktiker*« und ein »*exzellenter Menschenführer*«, aber »*unfähig zur schonungslosen Selbstkritik, ein miserabler Stratege und ein schlechter Politiker mit einer völligen Verkennung seines Gegners*«.

Niemand kann heute mehr exakt rekonstruieren, wie Hannibal als Feldherr führte, wie er Entscheidungen fällte, wie er motivierte, wie er mit seinen großen Siegen und schließlich mit seiner Niederlage

Napoleon I. über Hannibal

Kein Geringerer als Napoleon I. hat es geschafft, Würdigung und Biografie Hannibals in einen einzigen Satz zu fassen:

> »Dieser Mann, der wagemutigste von allen, vielleicht der erstaunlichste; so kühn, so sicher, so groß in allem; der mit zwanzig Jahren sich ausdenkt, was kaum denkbar war, ausführt, was für unmöglich gehalten werden musste; der, auf jede Verbindung mit seinem Heimatland verzichtend, sich bei feindlichen oder unbekannten Völkern durchschlägt, die anzugreifen und zu besiegen sind, erklimmt die Pyrenäen und die Alpen, die als unüberwindlich galten, und steigt nur nach Italien hinab, um mit der Hälfte seiner Armee allein für den Erwerb eines Schlachtfeldes, für das Recht zu kämpfen zu bezahlen; der dieses Italien sechzehn Jahre lang besetzt, durchzieht und regiert, der mehrfach dieses schreckliche und gefürchtete Rom ganz kurz vor seinen Untergang versetzt und seine Beute erst loslässt, als man sich seine Lektion zunutze macht, ihn bei sich zu Hause zu bekämpfen.«

umging. Klar ist lediglich, dass Hannibal ein gewaltiges Heer, das aus zahlreichen Völkern bestand, zum Krieg in fremde Länder geführt hat, ohne dass je (soweit wir das heute wissen) eine Uneinigkeit herrschte, noch ein Aufstand gegen den Feldherrn erfolgte – trotz seiner Niederlagen. Bei Hannibal handelt es sich um eine faszinierende, schillernde und stark polarisierende Führungsfigur, die nicht nur die Neugier der Forscher, sondern auch die Fantasie der Romanschriftsteller anfacht. Hier – zum Beispiel bei Gisbert Haefs – ist Hannibal vor allem eines: groß. Ein Held. Einer, der alles in den Schatten stellt und dessen Schwert niemand übernehmen und führen kann – weshalb es am Ende von Haefs' Hannibal-Roman in fünf Teile zerlegt und in den Nil geworfen werden muss.

Hannibal (247 – 183 v. Chr.): Daten und Fakten

247	Geburt Hannibals in Karthago (Nordafrika). Die Stadt gilt durch den regen Austausch mit orientalischen, ägyptischen und griechischen Kulturen als blühendes, multikulturelles Zentrum an der Schnittstelle von Orient und Okzident.
264 bis 241	Erster Punischer Krieg. Die reiche Handels- und Hafenstadt Karthago verliert Sizilien, Sardinien und Korsika an die Römer.
237	Hannibal begleitet zusammen mit seinen Brüdern seinen Vater Hamilkar Barkas, Oberbefehlshaber des karthagischen Heeres, auf die Iberische Halbinsel. Entlang der Küste Südspaniens verfügen die Punier bereits über ein Netz von Hafenstädten, beispielsweise die heutigen Städte Cádiz und Málaga.
229	Hamilkar erobert neue Territorien auf der Iberischen Halbinsel; unter anderem umfasst der karthagische Herrschaftsbereich jetzt das heutige Córdoba und das neu gegründete Cartagena (»Neu-Karthago«). Nach seinem Tod übernimmt sein Schwiegersohn Hasdrubal das Kommando.
221	Hasdrubal wird ermordet. Karthagos Soldaten wählen Hannibal als dessen Nachfolger, die Regierung bestätigt diese Entscheidung. Für den 26-Jährigen beginnt eine beispiellose militärische Karriere, die ihn zu einem der größten militärischen Befehlshaber der Geschichte machen sollte.
218	Hannibal überquert den Fluss Ebro, um seinen Feldzug auf der Iberischen Halbinsel fortzusetzen. Rom erklärt den Zweiten Punischen Krieg.

	Alpenüberquerung: Hannibal überquert mit 40 000 bis 50 000 Soldaten, 9 000 Reitern und 37 Kriegselefanten die Pyrenäen, zieht zur Rhône und schließlich über die Alpen und erreicht im Oktober 218 die italienische Po-Ebene. Rom gerät in die Defensive.
	Erster Sieg über die Römer: Im November Triumph am Ticinus (Tessin). 14 000 Gallier schließen sich Hannibal an. Im Dezember: Sieg über die Römer an der Trebbia.
217	Hannibal durchquert den Apennin und erblindet auf einem Auge infolge einer Infektion beim Marsch durch die Sümpfe des Arno.
	Sieg über die Römer am Trasimenischen See.
216	August: Hannibal vernichtet mit seinem Heer von ca. 50 000 Mann bei Cannae 16 römische Legionen (circa 80 000 Mann) fast vollständig. Mehrere römische Alliierte laufen zu Hannibal über. Capua wird Hannibals Hauptstadt in Italien. Rom lehnt Hannibals Friedensangebot ab. Hannibal trifft die Entscheidung, trotz seiner militärischen Erfolge die Stadt Rom nicht anzugreifen.
215 bis 211	Hannibal schließt Allianzen mit König Philipp V. von Makedonien und dem Tyrannen Hieronymos von Syrakus, der wichtigsten Hafenstadt Siziliens. Er kontrolliert Süditalien. Rom greift Hannibal nicht an, gleichzeitig fehlt dem Karthager der Nachschub.
	Rom greift Capua und Syrakus an. Capua wird durch römische Truppen belagert und eingenommen.

210	Scipio der Jüngere, Hannibals stärkster Widersacher, tritt auf den Plan.
208	Hannibal ruft seinen Bruder Hasdrubal zu Hilfe. Der verlässt mit seinem Heer die Iberische Halbinsel, überquert ebenfalls die Alpen, wird 207 aber von den Römern nahe der Adriaküste abgefangen und geschlagen, bevor er Hannibal erreicht.
206 bis 203	Ende der Herrschaft Karthagos auf der Iberischen Halbinsel. Scipio besiegt hier Hannibals Bruder Mago und nimmt die Stadt Cartagena ein.
	Scipio zieht nach Sizilien. Er bringt den numidischen Reiterfürsten Massinissa dazu, sich von Hannibal abzuwenden und stattdessen sich mit den Römern zu verbünden, sodass Hannibal mit einem Schlag die für seine Taktik ausschlaggebende Kavallerie verliert.
	Das römische Heer unter Scipio greift die Karthager in ihrem Mutterland, in Nordafrika, an. Hannibal und Mago werden in ihre Heimatstadt zurückgerufen.
202	In der Schlacht bei Zama erleidet Hannibal die kriegsentscheidende Niederlage gegen Rom.
201 bis 200	Friedensvertrag mit Rom. Karthago verzichtet weitreichend auf eigene Rechte und leistet Reparationszahlungen.
	Rom erzwingt die Absetzung Hannibals als Befehlshaber des Heeres.
196	Hannibal wird in Karthago zum Sufeten (Magistrat) gewählt und tritt als Wirtschafts-, Finanz- und

	Verfassungsreformer in Erscheinung – gegen den Willen des karthagischen Adels.
195	Hannibals Gegner denunzieren ihn in Rom. Hannibal flieht. Verschiedene Fürsten und Könige gewähren Asyl und Schutz, sein letztes Domizil ist eine Villa in Libyssa (heute Gezbe in der Nähe Istanbuls).
183	Hannibal begeht Selbstmord im Exil. Seine letzten Worte sollen gelautet haben: »Es ist nun an der Zeit, die Angst der Römer zu beenden. Sie sind nicht in der Lage, länger auf den Tod eines alten Mannes zu warten, der ihnen so viele Sorgen bereitet hat.«
146	Drei Jahre nach Ausbruch des Dritten Punischen Krieges wurde Karthago eingeebnet und rituell verflucht. Erst eineinhalb Jahrhunderte später wurde sie von den Römern erneut aufgebaut und blühte dann wieder zu einer der prächtigsten Metropolen des Mittelmeers auf.

Wenn Sie sich genauer dafür interessieren, welche Territorien durch wen wann und wie erobert wurden, seien Ihnen die beiden wichtigsten historischen Quellen empfohlen: Titus Livius und Polybios, wobei beide teilweise stark voneinander abweichen. Beide finden sich in englischer Übersetzung im Internet (livius.org). Lesenswert sind auch die Biografie *Hannibal* des Althistorikers Karl Christ oder – wenn Ihnen historische Romane eher liegen als wissenschaftliche Analysen – *Hannibal: Der Roman Karthagos* von Gisbert Haefs.

Mut

Wer ohne Mut ist, kann sich keine neuen Wege vorstellen. Ein mutloser Feldherr hat die Schlacht schon verloren, bevor er antritt. Dass Hannibal ein Mann mit sehr viel Mut war, zeigt seine große Grenzüberschreitung zu Beginn seines Feldzugs.

Durch Eis und Schnee über die Alpen

Die Alpen – sie galten zu Lebzeiten Hannibals vielen als unüberwindbar. Nicht für Hannibal. Für ihn war die Alpenüberquerung mit 40000 bis 50000 Soldaten, 8000 bis 10000 Reitern und 37 Kriegselefanten ein Teil der Strategie, den römischen Gegner zu überraschen – und um unterwegs gallische Krieger zu rekrutieren.

Hannibal führte also sein Heer über die Pyrenäen und durch das heutige Frankreich in die Gegend von Grenoble, wobei seine Männer und er immer wieder von einheimischen Stämmen angegriffen wurden. Den eigentlichen Aufstieg aus dem Tal startete Hannibal ausgerechnet in der Zeit des Wintereinbruchs. Eines Nachts, als die für ihn ausschlaggebenden Engpassagen nicht bewacht waren, gab er das Signal zum Aufbruch. Hannibal führte sein riesiges Heer über schmale Pfade, auf denen maximal zwei Soldaten nebeneinander gehen konnten. Es war ein kilometerlanger Strang von Menschen und Tieren, der sich nicht nur aufgrund des schwierigen Geländes nur langsam voranbewegen konnte, sondern auch wegen ständiger feindlicher Sperrversuche und zahlreicher Überfälle.

Am neunten Tag der Alpenüberquerung erreichten die ersten Männer die Passhöhe. Auf den Gipfeln und Hochebenen der Berge lag dicker Schnee, insbesondere nachts wurde es empfindlich kalt. Zehntausende von Männern, Pferden und die Elefanten, die den

Aufstieg überlebt hatten, ruhten zwei Tage lang auf der Passhöhe, um dann einen waghalsigen Abstieg zu beginnen. Ein Abstieg, der mehr als beschwerlich war: Immer wieder mussten Wege neu angelegt, befestigt oder freigelegt werden, um den schweren Tross, insbesondere die Elefanten, ins Tal zu bringen.

Hunderte, wenn nicht sogar Tausende Soldaten starben beim Abstieg auf schwierigstem Gelände, das zwischenzeitlich auch vereist war: Sie kamen um vor Erschöpfung, stürzten ab, fielen Attacken zum Opfer. Nach der gelungenen Überquerung gönnte Hannibal seinem Heer zwei Tage Ruhe, dann zog er in Richtung des heutigen Turin weiter.

Es muss ein gewaltiger Schock für Rom gewesen sein, als die karthagische Armee plötzlich in Oberitalien auftauchte. Mit diesem Manöver Hannibals hatte auf römischer Seite niemand gerechnet, weil es als völlig unmöglich und daher undenkbar erscheinen musste. Hannibals Alpenüberquerung hatte die römische Kriegsplanung mit einem Mal außer Kraft gesetzt. Zu weit standen die beiden römischen Heere von Hannibal entfernt, das eine in Spanien, das andere in Sizilien. Schnell stieß Hannibal in Richtung Po-Ebene vor – während die Römer ebenfalls nach Oberitalien eilten. Es kam zu den ersten Konfrontationen in Italien: zum Gefecht am Ticinus (Tessin), dann zur Schlacht an der Trebia (heute Trebbia), einem Nebenfluss des Po. Mit der blitzartigen Unterstützung seiner numidischen Reiter am frühesten Morgen überraschte Hannibal die nicht vorbereiteten Römer so sehr, dass sie während der Schlacht keine geordneten Reihen mehr aufbauen konnten.

Der Tag endete mit einem Triumph für Hannibal und einer Bestätigung seiner Strategie und Taktik, er hatte zu einem einseitigen Sieg mit hohen Verlusten beider römischer Streitkräfte geführt. Den Römern war ein Feldherr mit einer weit überlegenen Strategie entgegengetreten.

Mut als Prinzip Hannibals

Mut ist die Tugend, die Hannibal ganz besonders auszeichnete. Und zwar in mehrfacher Hinsicht.

Aus *militärischer Perspektive* war seine Alpenüberquerung eine absolute Mutprobe. Hannibal übernahm die Verantwortung dafür, Zehntausende von Soldaten über unbekanntes Terrain zu führen. Er stellte sich der logistischen Herausforderung, Wege zu schaffen, die Versorgung seines Heeres sicherzustellen und für Nachschub zu sorgen – was offensichtlich nicht lückenlos gelingen konnte, was Hannibal aber dennoch wagte und schließlich, trotz hoher Verluste, auch meisterte.

Er hatte darüber hinaus den Mut, *kulturelle Grenzen* zu überwinden. Die Karthager waren Phönizier, zählten also zu einem semitischen Volk, das ursprünglich vor allem im Bereich des jetzigen Libanons und Syriens lebte, dessen Handelsrouten sich aber über das gesamte Mittelmeergebiet erstreckten. Wie andere Städte an der afrikanischen Küste war auch Karthago eine phönizische Gründung. Die vielen natürlichen Häfen, der Reichtum an Holz und Metall stellten eine hervorragende Grundlage für den Handel dar – und damit auch für die kaufmännische Eroberung des Mittelmeerraums bis zum Atlantik und sogar hinauf bis zur Nordsee. Die Phönizier galten als Handelsvolk, militärischen Konflikten allerdings gingen sie möglichst aus dem Wege.

Hannibal selbst entstammte dem Geschlecht der Barkiden, das einen wesentlichen Teil der Geschichte Karthagos prägte. Im Gegensatz zu vielen anderen Familien hatten die Barkiden ihren Aufstieg nicht wirtschaftlichen, sondern militärischen Erfolgen zu verdanken. Zum Zeitpunkt der Geburt Hannibals war sein Vater Hamilkar Barkas Oberbefehlshaber der karthagischen Land- und Seestreitkräfte.

Hannibals Erziehung übernahmen griechische Lehrer wie der Spartaner Sosylos, der ihn im Griechischen unterrichtete und ihn später auf seinen Feldzügen als Berater begleitete.

Hannibal vereinigte also orientalische Kultur und griechische Bildung in sich, war geprägt durch die Feldzüge an der Seite seines Vaters, die ihn auf die Iberische Halbinsel geführt hatten, und durch die Kontakte zu den Völkern des heutigen Frankreich. Als er schließlich die »gewaltige Grenzscheide« der Alpen durchbrach, machte er den Weg für etwas Größeres frei. Der »punische Semit eröffnete der europäischen Kultur den Weg«, so formulierte es der Historiker Leopold von Ranke (1795–1886).

Bemerkenswert ist außerdem die Intensität, mit der Hannibal offenbar die beiden Werte – wir können auch sagen: Tugenden – *Mut* und *Klugheit* kombinierte. Nach seiner Alpenüberquerung gewann er mehrere entscheidende Schlachten gegen die überlegenen Römer. Doch diese aus dem Mut erwachsenen Erfolge verführten ihn nicht zur Tollkühnheit. Er schlitterte nicht in einen blinden Mut-Prozess nach dem Motto: »Wer A sagt, muss auch B sagen« – und verzichtete auf den mutigsten Schritt: die Stadt Rom direkt anzugreifen, obwohl er gewissermaßen schon vor deren Toren stand. Diese Situation brachte Cicero (106–43 v. Chr.) später mit »Hannibal ad portas« (übersetzt: Hannibal bei den Toren) auf den Punkt und prägte damit ein geflügeltes Wort, das heute eher in der Variante »Hannibal ante portas« bekannt ist und immer dann zur Sprache kommt, wenn vor einer unmittelbar bevorstehenden, großen Gefahr gewarnt werden soll.

Mut heißt nicht: grenzenloses, blindes Agieren nur um des Mutes wegen. Mut kann dagegen heißen: einen Misserfolg eingestehen und danach trotzdem weitermachen.

Beides – einen Überraschungserfolg mutig erringen und eine Niederlage mutig in Kauf nehmen – stellt ein bewusstes Überschreiten von Grenzen dar. Beides erfordert höchsten Mut.

Führungsprinzip Mut

Wer als Führungskraft Mut beweist, wagt es, etwas zu tun, was sonst keiner tut. Er geht einen neuen Weg. Er bricht ein altes Muster. Voraussetzung sind innere Freiheit, große Selbstsicherheit und die Fähigkeit, Angst, Feigheit und Weichlichkeit zu überwinden mithilfe des eigenen Verstandes und der eigenen Willenskraft. Voraussetzung ist auch, so beschreibt es Otfried Höffe, Professor für Philosophie an der Universität Tübingen, »dass man die naturwüchsige Reaktion – der eine neigt zur Feigheit, der andere zur Tollkühnheit (...) – überwindet, statt dessen überlegt und überlegen handelt«. Ein aktuelles Beispiel zeigt, was dies in der Welt der Wirtschaft konkret bedeuten kann:

»Wahnsinn mit Methode«

Wolfgang Grupp schneidert mit seiner Firma Trigema T-Shirts und Tennisbekleidung nicht im Ausland, und zwar aus Prinzip nicht. Lieber produziert er in Burladingen auf der Schwäbischen Alb und schreibt »100 % Made in Germany« auf seine Website.

Mitbewerber wie Schiesser belächelten Grupp anfangs für seine scheinbar weltfremde Anti-Globalisierungs-Haltung. Mittlerweile lacht bei Schiesser niemand mehr (das Unternehmen ist zwischenzeitlich ein Sanierungsfall geworden und wurde von einer anderen Textilgruppe übernommen), während sich das Trigema-Modell weiterhin als erfolgreich erweist. Die Produktion mit nach Tarif bezahlten Arbeitern aus der Region ist zwar teurer als die in Fernost – dafür ist die Qualität aber auch besser, die Termintreue größer, und kurzfristig benötigte Sonderprodukte wie schwarz-rot-goldene Trikots (zur Fußball-WM) sind auch rasch genäht.

»Wer wie Grupp ›verrückte‹ Wege im Geschäftsleben beschreitet, also gegen den Trend schwimmt, hat jedenfalls schon einmal einen Wettbewerbsvorteil auf seiner Seite«, konstatiert denn auch Klaus Norbert in der Zeitschrift *ManagerSeminare* (»Wahnsinn mit Methode«, Heft 113/2007).

Mut basiert auf Werten – nicht auf Leidenschaften

Mut zielt aber nicht auf oberflächliche Erfolge, auf Medaillen, auf Superstar-Status. Der französische Philosoph André Comte-Sponville zeigt sich in seiner *Ermutigung zum unzeitgemäßen Leben* überzeugt, »dass der Mut, der zunächst ein psychologischer Charakterzug ist, erst zur Tugend wird, wenn er dem Nächsten oder dem Gemeinwohl dient«.

Beispiel Börsengang: Wenn der Schritt dazu dient, das Unternehmen mitsamt seinen Mitarbeitern voranzubringen, zeigt sich hier der Mut einer verantwortungsbewussten Führungskraft. Wenn es nur um die eigene Medieninszenierung geht und die Zukunft des Unternehmens dabei sogar aufs Spiel gesetzt wird, handelt es sich nicht um Mut, sondern um Selbstverliebtheit, um Egoismus.

Wirklich couragierte Menschen setzen ihren Mut ein, um höhere Ziele zu erreichen: Sie kämpfen für mehr Gerechtigkeit, für Freiheit – oder sie engagieren sich, wie Joachim Franz, im Kampf gegen Krankheiten wie Aids.

Wenn wir uns Gefahren allerdings nur deshalb aussetzen, weil wir uns durch blinden Zorn oder übergroßen Schmerz treiben lassen, sind wir nicht wirklich mutig, das unterstreicht der griechische Philosoph Aristoteles in seiner *Nikomachischen Ethik*: »Wer aber deshalb kämpft, ist zwar streitbar, aber nicht mutig, weil er nicht aus sittlichem Beweggrund und nach der Vorschrift der Vernunft, sondern aus Leidenschaft handelt. Immerhin hat er etwas von dem mutigen Mann an sich.«

Auch ein übertrieben *positives Denken* kann uns dazu verführen, mutig zu handeln. Doch auch dieser Art von Mut spricht Aristoteles die wirksame Grundlage ab: Reine *Hoffnungsfreudigkeit* als Basis ist beinahe so instabil wie *Unwissenheit*. Wer wirklich Mut beweist, hat sich gut informiert und gründlich nachgedacht, bevor er zur Tat schreitet. Er kombiniert Mut mit praktischer Vernunft – das ist erfolgsentscheidend.

Mut hilft uns, ins Unbekannte vorzustoßen. Er lässt uns unsere Chance nutzen, wenn »der Ball auf dem Elfmeterpunkt liegt«, und überwindet Zögerlichkeit. Dabei heißt Mut nicht, keine Angst zu haben. Im Gegenteil: Mut beinhaltet immer auch die Fähigkeit zur Angst, davon ist Mathias Jung überzeugt, Psychotherapeut und Autor des Buches *Mut zum Ich. Auf der Suche nach dem EigenSinn*. Auch mutige Menschen spüren Warnsignale und prüfen dann, welche Risiken sie in Kauf nehmen wollen – und welche nicht.

Einer der Lieblingshelden Jungs ist deshalb die fiktive Figur Harry Potter, weil diese zeigt, wie Mut im Laufe eines Lebens entsteht: »Gerade darum ist Harry tapfer, weil er um seine Angst weiß. Er verdrängt sie nicht und geht mitten hindurch. Angst und Mut, das sind zwei Seiten einer Medaille.«

Wirtschaft braucht Mut

Ohne Neugier, ohne die Bereitschaft und das Streben nach Neuem, verharren wir in Bekanntem, das irgendwann so alt und gestrig wird, dass wir den Anschluss verpassen. Mut ist die Grundlage für die Kraft jedes Einzelnen, jedes Unternehmens und sogar jeder Nation, sich im Wandel der Zeiten zu erneuern. Das betonte auch der neue Präsident der USA, Barack Obama, als er kurz vor seinem Amtsantritt ausrief: »Wir brauchen Mut und Entschlossenheit, uns neu zu erfinden!«

Ohne Mut ist eine Führung, die sich an Werten orientiert, überhaupt nicht möglich. Denn reden kann jeder über die großen Werte der Menschheit, aber zur Umsetzung dieser Werte – auch gegen den Willen von weniger mutigen Menschen und gegen die eigenen schlechten Gewohnheiten – braucht es eine gehörige Portion Mut. André Comte-Sponville bringt es auf den Punkt: »Ohne die Klugheit wären die anderen Tugenden blind oder sinnlos; doch ohne den Mut wären sie nutzlos oder ohne Tatkraft.«

Disziplin

Die nächste Etappe auf Hannibals Zug können wir als Beispiel für seine eigene Disziplin, aber auch für die Disziplin seines Heeres lesen: Nach seinem Sieg an der Trebbia, einem rechten Nebenfluss des Po, marschierte Hannibal mit seinem Heer weiter nach Mittelitalien. Die nächste Schlacht würde am Trasimenischen See (Umbrien) stattfinden, dem größten See der Apenninhalbinsel. Der Weg dorthin forderte ihm selbst und seinen Männern einen geradezu übermenschlichen Kraftakt ab.

Nachtmarsch im Sumpf

Laut Polybios entschied Hannibal, nicht über die längeren und den Römern wohlbekannten Straßen zu ziehen, sondern auf kurzem Wege mitten durch die Sümpfe des Arno. Vier Tage und drei Nächte lang marschierte die karthagische Armee durch ein Gelände, das un-

ter Wasser stand, und litt schrecklich unter Hunger und Müdigkeit. Viele Soldaten und viele Pferde überlebten diesen Marsch nicht – Hannibal selbst soll hier infolge einer Infektion auf einem Auge erblindet sein.

In der Dämmerung des 20. Juni 217 v. Chr. kundschafteten die Römer die Lagerstätte der Karthager aus – Hannibal ließ sie gewähren. In der gleichen Nacht aber ließ er seine Truppen auf den umgebenden Hügeln Stellung beziehen, nur wenige Soldaten blieben im Lager zurück. Als die Römer die karthagische Stellung im morgendlichen Frühnebel attackierten, fanden sie sie nahezu leer vor – und saßen in der Falle: Hannibals Männer nämlich griffen die Römer plötzlich von oben aus ihren Verstecken an, kesselten sie ein und rieben die feindlichen Truppen in einer dreistündigen, mörderischen Schlacht nahezu vollständig auf. Diejenigen römischen Soldaten, die zum See zu fliehen versuchten, wurden dort von den mit Hannibal verbündeten numidischen Reitern vernichtet.

Die verlorene Schlacht am Trasimenischen See – nur 150 Kilometer von Rom entfernt – löste Panik in der Stadt aus, rechneten die Römer doch jetzt damit, dass Hannibal die Stadt direkt angreifen oder belagern würde. (Warum es nicht dazu kam, lesen Sie im Kapitel »Intelligenz«.) Der Senat war fest zur Entscheidungsschlacht entschlossen und wollte ein für alle Mal der Bedrohung Roms ein Ende setzen. Rom stellte 60 000 Fußsoldaten und 6 000 Reiter auf. Hannibal standen 40 000 bis 50 000 Soldaten, darunter 10 000 Reiter, zur Verfügung. Die Schlacht sollte bei Cannae stattfinden (im heutigen Apulien, das den »Absatz« des italienischen »Stiefels« umfasst).

Hannibal bezog auf einer Anhöhe südlich von Cannae Stellung, nach Aufzug der Römer wechselte er jedoch auf ein Gelände am gegenüberliegenden Ufer des Flusses Aufidus, weil dies für Angriffe der Kavallerie besser geeignet war – und zugleich für die römische Gegenseite unvorteilhafter. Das römische Heer, das größte, das je in eine Schlacht mit Hannibal geschickt wurde, formierte sich in der üblichen Aufstellung: das Hauptheer in der Mitte, an beiden Flanken die Kavallerie.

Die römischen Fußsoldaten drangen in die Reihen der Karthager ein, und je mehr sie vorrückten, desto mehr zog sich das kleinere Heer der Karthager wie eine Sichel zurück. Gleichzeitig schlugen die numidischen Reiter und die schwere Kavallerie Hannibals auf je einer Flanke die gegnerische Reiterei in die Flucht und zingelten dann das römische Hauptheer von zwei Seiten ein. Frische, bislang zurückgehaltene Truppen Hannibals brachten die fast vollständige Vernichtung des römischen Heeres. Insgesamt sollen aufseiten der Römer 45 000 Fußsoldaten und 2 500 Reiter in dieser Schlacht gefallen sein. Die Verluste Hannibals hielten sich dagegen in Grenzen.

Beeindruckt durch seine militärischen Erfolge liefen mehrere Alliierte Roms zu Hannibal über. Ohne große Gegenwehr konnte Hannibal Capua, die zweitgrößte Stadt Italiens, einnehmen. Der gerade einmal 30-jährige Feldherr soll auf seinem letzten überlebenden Kriegselefanten reitend in die Stadt eingezogen sein.

Disziplin als Prinzip Hannibals

Die Wörter *Disziplin* und *Gehorsam* kommen uns heute nicht mehr so leicht und unbefangen über die Lippen. Wir denken an *Zucht und Ordnung* preußischer Manier – vor allem aber erinnern wir uns an die Zeit des Nationalsozialismus, die uns mehr als deutlich gezeigt hat: Wenn wir diszipliniert (»Hart wie Kruppstahl, zäh wie Leder«) und blind einem übermächtigen Führer folgen, landen wir mitten in der Barbarei.

So faszinierend wir die Auseinandersetzungen zwischen Römern und Karthagern heute auch finden mögen – wir können die Augen nicht davor verschließen, dass es hier auch überaus barbarisch zuging: Da wurden Städte belagert und ausgehungert, Landstriche geplündert und verwüstet, es wurde niedergebrannt, gemordet, Sklaven wurden in den Krieg gezwungen, Zehntausende von Männern, Frauen und Kindern fanden den Tod. Diese Schattenseite der Historie Hannibals ist uns durchaus bewusst, wir blenden sie nicht aus. Sie ist Teil der Geschichte – und sie ist dennoch nicht der Aspekt, auf den wir uns konzentrieren wollen. Uns geht es um die abstraktere Ebene: um die Werte, die Hannibal verkörpert.

Regeln einhalten, Ziele erreichen

Führung, oder moderner: Management, ist im Grunde nichts anderes als die Umsetzung bestimmter Regeln, um bestimmte Ziele zu erreichen. Zwar sind die Sitten der »partizipativen Führung« heute im besten Falle humaner als zu Hannibals Zeiten – aber das Prinzip ist das gleiche: Einsatzpläne müssen eingehalten und Teilprozesse koordiniert werden, nur dann kann eine Schlacht gewonnen oder ein Projekt mit Erfolg abgeschlossen werden.

Wir müssen heute größten Respekt vor der kommunikativen Leistung Hannibals haben, die die Grundlage für die Disziplin seines Heeres schaffte: Er stand vor der Aufgabe, Zehntausende von Soldaten zu motivieren, tagelang ohne Nahrung und Schlaf durch einen Sumpf zu waten, und anschließend so zu koordinieren, dass jeder von ihnen zur richtigen Zeit an der richtigen Stelle stand und wusste, was er zu tun hatte – und das ohne Jeep, ohne E-Mail und Mobiltelefon. Darüber hinaus hatte er es mit Söldnern aus ganz verschiedenen Kulturkreisen zu tun: Seine besten Reiter stammten aus Numidien, dem afrikanischen Hinterland südwestlich von Karthago. Auf seinem Zug Richtung Italien begleiteten ihn spanische Kavallerie und Infanterie, später schlossen sich Fußsoldaten und Reiter weiterer keltischer Stämme an. Er war mit einer Vielzahl von Sprachen, Mentalitäten und Interessen konfrontiert – und musste dafür Sorge tragen, dass sein gesamtes Heer dennoch diszipliniert seinen Befehlen folgte. Um das zu erreichen, inszenierte sich Hannibal strategisch: als Kämpfer in der ersten Reihe jeder Schlacht, und in Einzelkämpfen mit gallischen Häuptlingen, in denen er seine Überlegenheit demonstrierte. Übrigens bestanden auch die gegnerischen Truppen nicht nur aus römischen Bürgern, sondern etwa zur Hälfte aus Angehörigen der italischen Bundesgenossen Roms.

Auf beiden Seiten war die Disziplin offenbar bemerkenswert. Der Althistoriker Karl Christ unterstreicht insbesondere die Zähigkeit, mit der die Römer an ihrer Führungsmacht festhielten, »und dies trotz aller Katastrophen und hohen Verluste. Entscheidend wurden Durchhalten und Wiederaufraffen der so oft Besiegten.«

Loyalität

Und damit sind wir beim Thema Loyalität: Hannibal wird immer wieder als besonders loyaler und patriotischer Feldherr beschrieben. So formuliert zum Beispiel der italienische Althistoriker Gaetano De Sanctis (1870–1957), dessen Arbeiten über Hannibal noch immer als einflussreich gelten: »Hannibal blieb während seines ganzen Lebens, trotz seiner Machtfülle als militärischer Führer, der loyale Bürger und Soldat Karthagos, ein Mann, der für ein Ideal lebte, und zwar nur für eines, nämlich das Vaterland.«

Dies ist deshalb besonders bemerkenswert, weil Karthago ihm diese Loyalität – so zumindest stellt es sich uns heute dar – kaum dankte. Die karthagischen Ratsherren waren an Sizilien und Sardinien interessiert, außerdem an den Silberbergwerken auf der Iberischen Halbinsel – für sie zählten ökonomische Maßstäbe, sie dachten nicht in militärischen Zusammenhängen, versuchten also nicht (oder in nur unzulänglicher Weise), Verbündete gegen Rom zu mobilisieren, und brachten es auch nicht fertig, Hannibal mit Nachschub zu versorgen.

Gleichzeitig beschränkten sie die Entscheidungsfreiheit Hannibals: Dieser war nämlich nicht Oberbefehlshaber sämtlicher Streitkräfte Karthagos (wie vergleichsweise Alexander der Große oder Caesar), sondern lediglich Befehlshaber auf seinem eigenen Kriegsschauplatz. Er konnte das parallele Geschehen auf mehreren Feldern also nicht koordinieren und dirigieren – und war immer wieder abhängig von in der Hauptstadt gefällten Entscheidungen. Er konnte aus dem festgesetzten Ordnungsrahmen nicht ausbrechen – genau wie Sie, liebe Leserin und lieber Leser, immer wieder an die Grenzen des Rahmens stoßen, den Ihr Unternehmen gesetzt hat.

Disziplin als Führungsprinzip

Ohne verbindlichen Ordnungsrahmen kann keine Führung eines Gesamtunternehmens stattfinden. Dieser Rahmen dient als Orientierung für unser Handeln. Wir kennen die Konsequenzen unseres Tuns, seien es positive oder negative.

Damit der gesetzte Rahmen wirken kann, braucht es die Disziplin des Managements auf der einen Seite und die Disziplin und die Loyalität der Mitarbeiter auf der anderen Seite. Im besten Falle gehört dazu gar keine große Selbstüberwindung: Die Ordnung wird von allen als sinnvoll und vernünftig anerkannt und aus diesem Grund geachtet. Der große Philosoph Immanuel Kant hat dieses Prinzip mit dem Begriff der Pflicht in Zusammenhang gebracht: »Pflicht ist die Notwendigkeit einer Handlung aus Achtung fürs Gesetz«. Sie können Disziplin also auch als *Pflichtgefühl* beschreiben oder als *Vertrauen* in die Vernunft des Regelwerks und der Unternehmensführung.

Disziplin verlangt keine Unterwürfigkeit

Wenn Sie allerdings das Gefühl haben, sich selbst oder Ihren Mitarbeitern *Unterwürfigkeit* abverlangen zu müssen, stimmt etwas mit dem Ordnungsrahmen nicht: Sie können ihn nicht akzeptieren, weil er Ihren eigenen Wertvorstellungen (Ihrem »Gewissen«) zuwiderläuft oder Ihren eigenen Vorstellungen von vernünftigem Handeln (Ihrer Risikobereitschaft). Möglicherweise widerspricht er sogar geltenden Gesetzen?

Im Unterschied zum *Zwang* zeichnet sich die *Pflicht* im Sinne Kants nämlich dadurch aus, dass sie auf einem Konsens basiert. Im Idealfall erkennen Sie als Manager oder als Mitarbeiter, warum Ihr diszipliniertes Handeln notwendig ist, und handeln deshalb freiwillig gemäß der gesetzten Ordnung und übernehmen Verantwortung für Ihr Tun.

Selbstdisziplin

Aus diesem Grund setzt Disziplin immer die eigene Disposition, also Selbstdisziplin, voraus: Wollen Sie etwas erreichen, brauchen Sie Durchhaltevermögen. Sie müssen Ihre Energie investieren und Ihre Ziele mit Konsequenz und Kontinuität verfolgen. Nur wenn Sie sich selbst Ziele setzen, Werte vertreten und sich selbst auch an diesen messen lassen, können Sie andere überzeugen und mitnehmen, um Grenzen zu überschreiten oder neue Wege einzuschlagen.

Ein psychologischer Schlüssel dazu heißt *Impulskontrolle*: Auch wenn Sie den Impuls verspüren, alle Akten vom Tisch zu wischen, Ihr Büro fluchtartig zu verlassen und sich im Park in die Sonne zu legen, arbeiten Sie weiter. Auch wenn Sie sich in einem Vortrag so langweilen, dass Sie am liebsten einschlafen möchten, halten Sie die Augen offen. Und auch wenn Sie im Moment überhaupt keinen Nerv mehr haben, sich an die von Ihnen selbst aufgestellten Kommunikationsregeln zu halten, sondern am liebsten einfach losbrüllen möchten – Sie wahren Ihre Contenance. Und zwar, weil Sie es gelernt haben, emotionale oder körperliche Impulse größeren Zielen unterzuordnen.

Selbstdisziplin ist die Fähigkeit zu einer gesunden Selbstregulation, und dies stellt die Grundvoraussetzung für eine glaubwürdige Führungskraft dar. Weil über diesen Aspekt der Persönlichkeit Hannibals sehr überzeugend aus den antiken Quellen berichtet wird, kehren wir an dieser Stelle noch einmal zu dem karthagischen Feldherrn zurück. Genauer zu Livius, Buch 21 der Römischen Geschichte:

> »Wer andere besiegt, ist stark.
> Wer sich selbst besiegt, hat Macht.«
>
> Lao-Tse

> »Er zeigte beim Übernehmen der Gefahren die höchste Kühnheit, während der Gefahren selbst die höchste Besonnenheit. Durch keine Beschwerde wurde sein Körper erschöpft, sein Mut besiegt. Gegen Hitze und Kälte war seine Ausdauer gleich. Das Maß seiner Speisen und Getränke wurde vom Bedürfnis der Natur, nicht vom Vergnügen bestimmt. Seine Zeit zum Wachen und Schlafen wurde nie durch Tag und Nacht geschieden, was ihm die Geschäfte übrig ließen, wurde der Ruhe gegönnt; aber auch sie wurde weder durch ein weiches Lager noch durch Stille herbeigerufen: vielmehr haben ihn viele oft mit einem Soldatenmantel zugedeckt zwischen den Wachen und Posten der Soldaten liegen sehen.«

Hannibal zeigt: Wenn Sie sich selbst disziplinieren, dann sind Sie Vorbild für andere.

Nicht zuletzt infolge der »antiautoritären Bewegung« der sechziger und siebziger Jahre hat sich auch im Management eine Scheu vor Disziplin und Strenge breitgemacht. So sehr, dass seit einigen Jahren immer wieder Stimmen laut werden, die eine Umkehr fordern (wobei Begriffe wie »Disziplin« oder »Gehorsam« weiterhin tunlichst in den Untertiteln platziert werden): Schon 2002 zeigte etwa Judith Mair in ihrem Buch *Schluss mit lustig* auf, »warum Leistung und Disziplin mehr bringen als emotionale Intelligenz, Teamgeist und Soft Skills«. In jüngerer Zeit forderte Unternehmensberater Roland Jäger in der Zeitschrift *ManagerSeminare* eine »Rückkehr zur Konsequenz« (Januar 2010). Darin prangert er die Fehlannahme an, es reiche aus, dafür zu sorgen, dass sich alle gut verstehen – und schon brächten die Mitarbeiter von alleine Höchstleistungen. Wer als Manager im Einsatz sei, der dürfe sein Team eben nicht als Ersatz für Familie und Freunde ansehen und sich von dessen Zuneigung abhängig machen. Er sei gut beraten, seinen Mitarbeitern Arbeit und Verantwortung ganz klar zu überlassen – und sie in die Pflicht zu nehmen, wenn etwas schieflaufe. Wer als Held in die Szenerie einschwebe, sobald es zu Schwierigkeiten kommt, demotiviere damit letztendlich nur seine eigenen Leute. Letztendlich gehe es darum, dass der Chef seine eigentliche Aufgabe in den Blick nimmt: dafür zu sorgen, dass der eigene Bereich seine Funktion erfüllt und schwarze Zahlen schreibt – und Querschläger konsequent zu sanktionieren.

Intelligenz

Die Diskussion nach der besonderen Intelligenz Hannibals flammt regelmäßig bei der Frage auf, warum er sich nicht zum Angriff auf Rom entschließen konnte. War dies ein besonders intelligenter Schachzug? Oder ist Hannibal hier ein strategischer Fehler unterlaufen?

»Den Sieg auszunutzen verstehst du nicht«

Nachdem Hannibal das römische Heer mehrmals geschlagen hatte, erwarteten viele seinen Feldzug gegen die Stadt Rom – doch Hannibal erfüllte diese Erwartung nicht. »Zu siegen verstehst du, Hannibal, den Sieg auszunutzen verstehst du nicht« – so soll Kavallerieführer Maharbal die Entscheidung Hannibals kommentiert haben, Rom nicht anzugreifen.

Doch Hannibal konnte nicht anders entscheiden: Für eine lang angelegte Belagerung Roms fehlten ihm die Mittel – zum Beispiel Belagerungstürme und schweres Gerät, um Tore einzubrechen – und die Menschen. Bedenkt man, dass bereits zu dieser Zeit die Tiberstadt über 500 000 Einwohner zählte, stellte ein Belagerungsheer mit rund 40 000 Soldaten wohl keine wirkliche Bedrohung dar.

In den Jahren von 215 bis 203 v. Chr. beherrschte Hannibal zwar weiterhin den Süden Italiens, musste aber der wachsenden Bedrohung Karthagos durch die Römer Tribut zollen. Als der Feldherr Scipio schließlich die Karthager direkt in Afrika angriff, blieb ihm nichts anderes übrig, als mit den Resten seines Heeres zurückzukehren und seiner Heimat zu Hilfe zu kommen.

Intelligenz als Führungsprinzip Hannibals

Hannibal befand sich auf dem Höhepunkt seiner Macht: Mit seiner Alpenüberquerung zu einer unmöglichen Zeit und auf einer riskanten Route hatte er das Undenkbare realisiert. Er hatte mehrmals römische Heere vernichtend geschlagen, weil er intelligente Strategien verfolgt und Geländestrukturen geschickt ausgenutzt hatte.

Doch gleichzeitig steckte er in einer Sackgasse: Er wollte und konnte das, was er erreicht hatte, nicht wieder aufgeben, er war aber zugleich nicht in der Lage, die Macht der Römer einzuschränken oder gar zu brechen.

Gemeinsam denken, um gut zu entscheiden

Was sollte er tun? Um das zu klären, hielt er Kriegsrat mit seinen Unterführern ab – auch dies ist ein Zeichen seiner Intelligenz. Denn je mehr Zeit für eine Entscheidung zur Verfügung steht, desto eher hat eine Führungskraft die Möglichkeit, enge Vertraute aus dem Kernstab oder sogar externe Berater um ihre Einschätzung zu bitten und so ein komplexeres Bild der Lage und der Möglichkeiten zu entwerfen.

»Je mehr Zeit vorhanden ist, desto rationaler und systematischer kann der Entscheidungsprozess erfolgen«, unterstreicht Ulrich Zwygart, ehemaliger Kommandant und Militärexperte aus der Schweiz, in seinem Buch *Wie entscheiden Sie?*. Wer sich als Führungskraft keine Zeit für seine Entscheidungen nimmt, lässt sich durch seine Reflexe oder Intuitionen steuern – da mag emotionale Intelligenz eine Rolle spielen, die kognitive Seite aber kommt zu kurz.

Genau diesen Zusammenhang nutzte Hannibal regelmäßig aus, indem er römische Befehlshaber zu übereilten Entscheidungen drängte, während er mit seinem Heer diszipliniert auf den richtigen Zeitpunkt zum Gegenschlag in der von ihm gewählten Geländeformation wartete und seinen Gegnern auf diese Weise verheerende Niederlagen zufügte.

Nach der Einschätzung Zwygarts standen Hannibal nach seinem Sieg bei Cannae fünf Optionen offen:

1. **Rom angreifen und erobern.** *Aber:* Hannibal hatte nach der Überwindung der Alpen und vier Schlachten gegen die römische Armee nur noch 30 000 Soldaten und keine Aussicht auf Nachschub. Nach den vier Siegen waren Hannibals Truppen zwar in Hochstimmung, aber auch reichlich erschöpft.

2. **Rom belagern und Verbündete suchen, dann entweder in Rom einmarschieren oder mit Rom verhandeln.** *Aber:* Dem karthagischen Heer fehlten die Mittel, die ein Heer dieser Zeit für eine Belagerung brauchte: etwa schwere Geräte zum Brechen von Mauern oder fahrbare Holztürme, um Mauern zu übersteigen. Gleichzeitig war Rom zu dieser Zeit eine große Handelsstadt mit einer zwei Kilometer langen Stadtmauer, Vorräten aller Art und einem Zugang zum Meer. Die Stadt ließ sich also nicht so leicht »aushungern«.

3. **Rom ein Friedensangebot unterbreiten.** Damit würden die Truppen geschont und der erste Schritt Rom überlassen.

4. **Ermattungsstrategie:** Mit Diplomatie und militärischen Aktionen Verbündete gewinnen und Rom schwächen. *Aber:* Rom verfügte über die größeren Ressourcen, beherrschte das Meer und konnte seine Bundesgenossen besser an sich binden.

5. **Den Seehafen Ostia erobern, um Rom von diesem Versorgungsweg abzuschneiden; die Seeherrschaft erringen.** *Aber:* Das Heer Karthagos war auf Kämpfe an Land spezialisiert und hatte seine Flotte vernachlässigt. Karthago war also nicht in der Lage, die römische Flotte zu schlagen.

Letztendlich kombinierte Hannibal die dritte mit der vierten Option – wobei Rom allerdings jede Verhandlung verweigerte. Um seine in-

direkte Strategie zum Erfolg zu führen, unternahm Hannibal folgende Schritte:

- Er zeigte Präsenz in Italien.
- Er nutzte seine Stützpunkte in Spanien als logistische Basis.
- Er versuchte, Bündnispartner zu gewinnen – nicht zuletzt die Makedonen im Osten, um Rom zu isolieren.
- Er brachte Sizilien und Sardinien auf seine Seite, um die Seeherrschaft Roms zu schwächen.
- Er versuchte, den Krieg von Karthago abzuwenden.

Doch bezwingen konnte er die Römer nicht, weil diese jede seiner Bemühungen untergruben:

- Sie drängten Hannibal in Italien zurück (Eroberung Capuas 211 v. Chr.)
- Sie verhinderten Nachschub für Hannibals Truppen, indem sie die Landwege und Seewege kontrollierten (Hasdrubal wurde 208 v. Chr. auf seinem Weg zu Hannibal abgefangen).
- Sie eroberten unter Scipio die Iberische Halbinsel zurück (vollständig, bis 206 v. Chr.),
- landeten wieder auf Sizilien
- und griffen schließlich Karthago an (unter Scipio, 203 v. Chr.).

Über Jahre versuchte Hannibal, für Unruhe zu sorgen, um die italischen Völker aus der Allianz mit Rom zu lösen, ohne eine direkte Schlacht zu suchen. Doch die immense Revitalisierungskraft des Römischen Reiches, basierend auf einer strengen, über viele Jahrhunderte in der römischen Gesellschaft verankerten Staatsverfassung, erwies sich letztendlich als überlegen. Die Römer sollten der Bedrohung im eigenen Land standhalten und diese nicht zuletzt deshalb überstehen, weil Hannibal zu wenig Unterstützung durch die karthagischen Kaufleute erhielt und vor Ort zu wenige Bündnispartner fand.

Dazu kamen konträre militärisch-politische Haltungen, so Ulrich Zwygart: »Hannibal wäre zu Konzessionen gegenüber Rom bereit gewesen. Rom hingegen war und blieb kompromisslos, es kannte nur Sieg oder Untergang.«

Mit List und Taktik

Die Grundzüge von Hannibals Taktik ähnelten sich jedes Mal: Er wählte die Zeit des Angriffs und das Schlachtfeld sorgfältig aus, trieb die Kavallerie an beiden Flügeln seiner Front nach vorne, ließ diese dann dem Feind in den Rücken fallen, verblüffte seine Gegner mit Überraschungsangriffen zuvor verborgener Einheiten – und mit einigen Listen, von denen zum Beispiel Polybios berichtet.

Ochsentour im Fackelschein

Im Jahr 215 v. Chr. wurde Hannibal in Apulien von römischen Truppen eingekreist, die das apulische Gebirge abriegelten, indem sie die Pässe besetzten. In einer Nacht ließ Hannibal 2000 Ochsen Fackeln an die Hörner binden und einen Hang hinaufjagen. Die Römer glaubten, dass hier der Durchbruch der Karthager stattfinden sollte und rückten gegen den von Ochsen besetzten Hügel vor, während Hannibal unbehelligt durch den nun freigewordenen Pass zog.

Was in der Philosophie so theoretisch klingt, zeigt sich im Management ganz praktisch: Die Klugheit braucht, um wirken zu können, weitere Tugenden neben sich – und hier vor allem das richtige Maß. Und zwar in zweierlei Hinsicht.

Zum einen, was Ihre *unternehmerischen Strategien* angeht: Genau wie Hannibal stehen Sie als Führungskraft oder als Unternehmer immer wieder vor der Situation, nach einer Reihe von Projekterfolgen entscheiden zu müssen, ob Sie das Risiko eines weiteren Projektes eingehen – oder nicht. Oder Sie müssen entscheiden, ob Sie ähnliche Strategien verfolgen wollen wie Ihre erfolgreichen Mitbewerber – oder einen ganz anderen Weg einschlagen.

Uwe Kuntz, Vorstandsmitglied der Sparkasse Saarbrücken, nennt ein Beispiel:

Keine Krise dank kluger Strategie

Viele regionale Kreditinstitute wie die Sparkasse Saarbrücken haben die Finanzkrise der Jahre 2008 und 2009 relativ unbeschadet überstanden. Warum? Das Grundprinzip unserer Sparkasse ist es, nur Finanztransaktionen durchzuführen, die wir auf der operationalen Ebene und im Management nachvollziehen können. Aus dieser Überlegung heraus haben wir – und auch viele andere regionale Institute (Sparkassen und Volksbanken) – keine Wertpapiere erworben, deren innere Struktur und Risikogehalt für uns nicht transparent waren. Auch wenn die Rendite dieser Papiere attraktiv erschien, betätigten wir uns nicht als Käufer. Insbesondere bei der Beratung unserer Kunden verzichteten wir auf die Empfehlung solcher Wertpapiere. Wir sind unserem Grundsatz treu geblieben, nur sichere Produkte mit überschaubarem Chancen-/Risikoprofil zu vertreiben. So konnten wir nach der Finanzmarktkrise von diesem Weg im Kundengeschäft sehr profitieren und haben an Glaubwürdigkeit zugelegt. Natürlich vermag sich ein führendes regionales Kreditinstitut nicht ganz den Kapitalmarktverwerfungen zu entziehen; aber Ausfälle aus sogenannten Subprime-Anlagen konnten wir verhindern: dank unseres Neins zu Anlagen, die wir nicht abschließend beurteilen können. Die Verunsicherung bei unseren Kunden – obwohl wir nun wirklich nicht die Verursacher der Finanzmarktkrise waren – war sehr hoch. Gerade deshalb konnten wir mit unserer konservativen Geschäftspolitik unser Vertrauenspotenzial am Markt weiter erhöhen.

Zum anderen brauchen Sie das richtige Maß, wenn es um die kluge *Führung Ihrer Mitarbeiter* geht: Wenn es Ihnen gelingt, Ihren Mitarbeitern die anstehenden Aufgaben so zu gestalten, dass sie ihren Geist ansprechen und sie sich angeregt fühlen, erst dann entwickeln sie Freude an der Herausforderung, bauen ihre eigene Motivation auf, stecken damit weitere Mitarbeiter an – und können auf diese Weise im Unternehmen »kleine Wunder« bewirken.

Im Idealfall entspricht die Herausforderung im Job den Fähigkeiten Ihrer Mitarbeiter so, dass sie diese gerade eben noch bewältigen können. Genau diese Dosis setzt Energie frei, und genau dieses Maß meinte Mihaly Csikszentmihalyi, emeritierter Professor für Psychologie an der University of Chicago, als er den Begriff des *Flow* prägte.

Eine Führungskraft, die die intellektuelle Leistungsfähigkeit ihrer Mitarbeiter überstrapaziert, bewirkt nichts Gutes: Die Menschen wenden sich frustriert ab, da sie das Gefühl haben, nicht mithalten zu können. Unterforderte Mitarbeiter wiederum gleiten in Apathie und Grübelei ab – auch dies schadet dem Unternehmen.

Intelligente Führungskräfte gestalten. Sie schaffen es, ihre Mitarbeiter zu inspirieren. Nicht zuletzt, weil es ihnen gelingt, deren Vertrauen zu gewinnen.

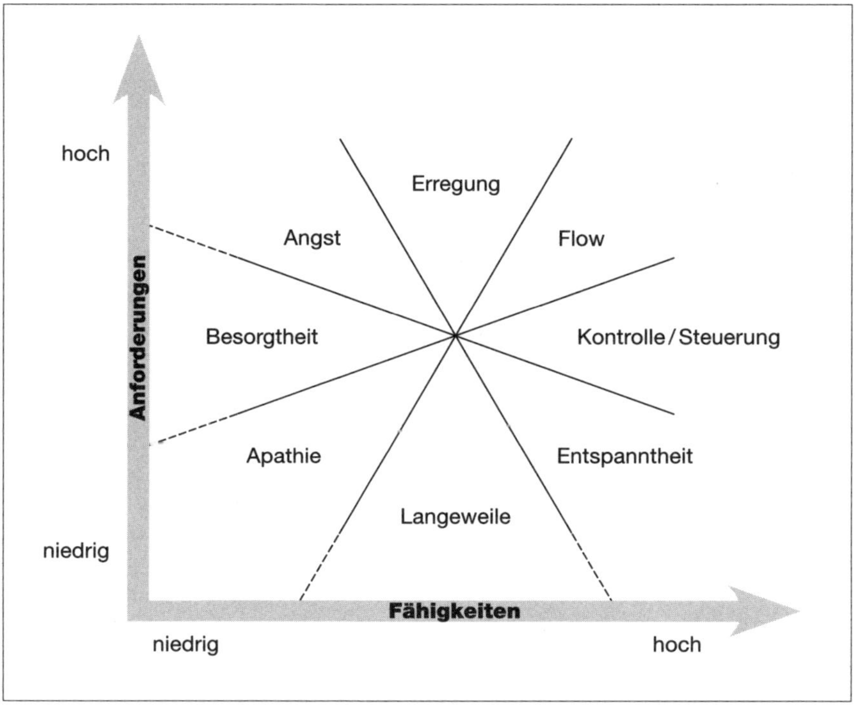

Nach: Csikszentmihalyi, Mihaly: *Flow im Beruf. Das Geheimnis des Glücks am Arbeitsplatz.* Stuttgart: Klett-Cotta, 2004.

Vertrauen

Es war dieser zentrale Wert – Vertrauen –, der Hannibal letztendlich zu Fall gebracht hat. Er erlebte einen doppelten Vertrauensbruch: Zum einen unterstützte die Führungsschicht in Karthago ihn nicht ausreichend, zum anderen wendete sich die strategisch äußerst bedeutende alliierte Kavallerie von ihm ab.

Untergang in Afrika

Zwischenzeitlich war nun ein ebenbürtiger Gegner Hannibals auf die Bühne getreten. Scipio der Jüngere, Spross einer über 400 Jahre alten Patrizierfamilie, sollte nach und nach die Karthager zurückschlagen, zunächst im römischen Herrschaftsgebiet und in Italien, dann im gesamten Mittelmeerraum. Bereits im Alter von 17 Jahren hatte er erfolgreich in einem militärischen Einsatz gestanden und in der ersten großen Schlacht zwischen Hannibal und den Römern am Ticinus (Tessin) seinem Vater das Leben gerettet. Livius rühmte ihn mit der Bemerkung: »Seit er eine Männertoga anzog, erweckte er bei manchen Leuten den festen, vielleicht absichtlich, vielleicht zufällig verbreiteten Glauben, er sei ein Mann von göttlichem Geschlecht.«

Während Hannibal zeit seines Lebens ein Mann des Volkes und ohne Standesdünkel blieb, war Scipio aus ganz anderem Holz geschnitzt: Er machte sich nicht gemein mit seinen Soldaten, galt als hochtrabend und überheblich, seine Truppen folgten ihm nicht bedingungslos, und nur mit hohen Erfolgsprämien konnte er sein Heer zusammenhalten.

Scipio hatte viel von Hannibal gelernt, vor allem die Abkehr von überlieferten Regeln der Kriegsführung und den flexiblen Einsatz immer wieder neuer Taktiken und Bewegungen. Der junge Feldherr brachte die entscheidende Wende im Konflikt mit Karthago, wusste er doch, wo und wie er den Gegner schlagen konnte: in dessen Heimat, in Afrika.

Im Jahr 209 v. Chr. nahm Scipio überraschend Cartagena ein, die

Hauptstadt der Karthager auf der Iberischen Halbinsel. Anschließend gelang es ihm, den numidischen Fürsten Massinissa und dessen Reitertruppen auf seine Seite zu bringen. Damit hatte Hannibal mit einem Schlag die für seine Taktik ausschlaggebende Kavallerie verloren. Scipio griff Karthago an. Daraufhin wurden Hannibal und sein Bruder Mago nach Hause zurückgerufen.

Die entscheidende Schlacht des Zweiten Punischen Krieges sollte auf afrikanischem Boden stattfinden, bei Zama, etwa 90 Kilometer von Karthago entfernt (Oktober 202 v.Chr.). Hannibal versuchte, seine Einkesselungstaktik aus der Schlacht von Cannae zu wiederholen. Doch es fehlte ihm die entscheidende Durchsetzungskraft der numidischen Reiter. Er hatte zwar versucht, diesen Nachteil zu kompensieren, indem er über 80 Kriegselefanten an vorderster Front einsetzte. Doch gerade diese Dickhäuter waren es, die Hannibals Truppen ins Wanken brachten: Nicht wie beabsichtigt zum Durchbruch der römischen Infanterie geeignet, wurde ein Großteil der Tiere vom Gegner in Hannibals Heer zurückgetrieben, sodass hier große Lücken entstanden; dann wurde sein Heer von den römischen und numidischen Reitern eingekesselt – die Niederlage war unaufhaltsam.

Vertrauen als Prinzip Hannibals

Vertrauen ist als Wort seit dem 16. Jahrhundert bekannt und geht auf das gotische *trauan* zurück. Das Wort *trauen* gehört zu der Wortgruppe um *treu*, was zum Beispiel *stark* oder *fest* bedeuten kann. Und damit sind wir beim Begriff der *Treue* und wieder mitten in der Wertedebatte.

Treue ist eine Tugend, die die Verlässlichkeit eines Akteurs ausdrückt, und zwar gegenüber einem anderen Menschen, gegenüber einer Gruppe oder gegenüber einer Sache. Aus diesem Grund steht die Treue als Wert nicht zwischen anderen Werten, sondern stellt eine Grundlage für alle Werte dar. »Was wäre die Gerechtigkeit ohne die Treue der Gerechten? Der Friede ohne die Treue der Friedfertigen? Die Freiheit ohne die Treue der freien Geister?«, fragt denn auch der Philosoph André Comte-Sponville. Um genauer zu skizzieren, was Treue ausmacht, betrachtet er die Kehrseite der Medaille: »Die Treue ist das Gegenteil nicht des Vergessens, sondern der leichtfertigen oder selbstsüchtigen Wankelmütigkeit, des Wortbruchs, der Perfidie, der Unbeständigkeit.« Und dies führt uns zurück zu Hannibal – und zwar genau zu seinem wundesten Punkt:

Hannibal war als Feldherr darauf angewiesen, dass sowohl seine Unterführer wie auch sein gesamtes Heer ihm als Person vertrauten. Wie sonst wäre es möglich gewesen, dass Zehntausende Soldaten einem Mann über halsbrecherische Wege quer durch die Alpen und durch die Sümpfe des Arno folgten? Umgekehrt musste Hannibal darauf vertrauen, dass seine Unterführer im richtigen Moment an der richtigen Stelle richtig handelten. Vielleicht ist es kein Zufall, dass seine Brüder Mago und Hasdrubal in der Schlacht von Cannae entscheidende Führungspositionen einnahmen. Ihnen schenkte er offenbar ein besonderes Maß an Vertrauen – Familienbande lassen sich nicht aufkündigen.

Um seinen Truppen ein Beispiel zu geben, kämpfte Hannibal – anders als viele seiner Vorgänger, Gegner und Nachfolger – *selbst an vorderster Front* und ohne sich zu schonen. Dies war nur möglich mit einem hohen Maß an Selbstvertrauen in die eigenen Kräfte.

Vertrauensbrüche ließen Hannibal scheitern

Der Wert Vertrauen birgt immer auch das Risiko des Vertrauensmissbrauchs oder des Vertrauensbruchs. Und genau dies ist unserer Einschätzung nach der wesentliche Grund für Hannibals Scheitern:

Zum einen konnte Hannibal aufgrund der innenpolitischen *Ränkespiele in Karthago* auf die Unterstützung seiner Heimat nicht vertrauen und konnte auch nicht damit rechnen, dass Karthago ihm vertraute. Aber ohne Vertrauen – und das heißt im Falle Hannibals: ohne Nachschub und ohne weitreichende Machtbefugnisse – ist bedingungsloser Einsatz sinnlos.

Während der Zeit seiner großen Siege in Italien konnte Hannibal immerhin auf sein Heer vertrauen, insbesondere auf die Schlagkraft seiner exzellenten Reiter aus dem afrikanischen Numidien. Doch kündigten ausgerechnet diese Hannibal ihr Vertrauen auf und liefen vor der letzten, entscheidenden Schlacht Hannibals in Zama zum Gegner über: zu Scipio, dem römischen Feldherrn. Unter dessen Kommando schlugen nun sie Hannibal mit genau der Taktik, die sie unter dem Karthager so oft erfolgreich eingesetzt hatten.

Führungsprinzip Vertrauen

Es ist lange her, dass Rom die Rivalin Karthago mit deren eigener Taktik schlug – doch exakt die gleichen Strategien finden Sie auch heute noch in der Welt der Wirtschaft: Da kündigen wichtige Mitarbeiter, laufen zur Konkurrenz über und nehmen die besten Kunden oder die besten Ideen mit, um damit ihren früheren Arbeitgeber »an die Wand fahren zu lassen«. Oder ein kleineres Unternehmen fusioniert mit einem größeren – und muss dann mit ansehen, wie von der eigenen Mannschaft und Identität so gut wie gar nichts mehr übrig bleibt.

Kein Wunder also, dass Managern großer Unternehmen kein großes Vertrauen entgegengebracht wird: Dies zeigen die Ergebnisse der in 17 Ländern durchgeführten Studie »GfK-Vertrauensindex Frühjahr 2009«, bei der über 17000 Personen zu ihrem Vertrauen in Bezug auf 20 Berufsgruppen befragt wurden. Topmanager landeten hier auf dem drittletzten Platz vor Werbeleuten und Politikern – wobei im internationalen Vergleich die Deutschen dieser Berufsgruppe am allerwenigsten ihr Vertrauen schenken.

Vertrauen braucht starke Führungskräfte

Im Arbeitsleben vertrauen Mitarbeiter ihrem Vorgesetzten umso leichter, je klarer und nachvollziehbarer die Bedingungen für sie sind. Und die Person! Denn der Aufbau von Vertrauen ist immer an persönliche Beziehungen gebunden und an die Fragen:

- Wie viel Loyalität bin ich bereit, diesem Chef und dieser Firma entgegenzubringen?
- Wie viel Loyalität kann ich im Gegenzug von meinem Arbeitgeber erwarten?

Je größer die Reputation ist, die sich ein Manager, ein Unternehmen oder auch eine Marke über die Jahre erworben hat, desto größer ist der Vertrauensvorschuss, den Mitarbeiter zu geben bereit sind. Der »gute Ruf« eilt voraus. Er ist wie eine Ansammlung von *symbolischem Kapital* (ein Begriff, den der französische Soziologe Pierre Bourdieu geprägt hat), das durch kontinuierliche Einzahlungen von ökonomischen, kulturellen und sozialen Sonderpunkten auf dem Reputationskonto mit der Zeit angewachsen ist und den Eindruck entstehen lässt, der Reputationsträger werde auch zukünftig für den Erhalt seines guten Rufes sorgen.

Dass dies nicht immer so sein muss, zeigt sich regelmäßig, wenn ein vermeintlich ehrbarer Topmanager plötzlich als *Steuersünder* oder ein bis dato als sauber geltendes Unternehmen als *Umweltsün-*

der entlarvt wird – und damit auf einen Schlag das über Jahre aufgebaute Vertrauen zerstört. Ein Beispiel:

Gefallener Held

Nach einer Steuerrazzia musste einer der einflussreichsten Manager Deutschlands abtreten: Klaus Zumwinkel war von 1990 bis 2008 Geschäftsführer und dann Vorstandsvorsitzender der Deutschen Post, Aufsichtsratschef der Deutschen Telekom und saß in den Kontrollgremien von Allianz, Arcandor (früher KarstadtQuelle) und Lufthansa. Zumwinkel hatte gestanden, Steuern in Höhe von fast einer Million Euro hinterzogen zu haben. Er soll zehn Millionen Euro am Fiskus vorbei nach Liechtenstein geschleust haben. Das Landgericht Bochum hat Zumwinkel im Januar 2009 wegen Steuerhinterziehung zu zwei Jahren Haft auf Bewährung verurteilt. Darüber hinaus musste er eine Geldbuße von einer Million Euro zahlen. Im März 2009 geriet Zumwinkel erneut in die Kritik, weil er sich seine Pensionsansprüche von 20 Millionen Euro auszahlen ließ.

Was Misstrauen bewirkt

Ob ein Unternehmen produktiv ist oder nicht, hängt ganz wesentlich von seiner Kultur ab. Herrscht eine Stimmung des Misstrauens vor, dann setzen Mitarbeiter und Manager nicht das auf ihre Agenda, was in ihren Zielvereinbarungen steht, sondern kümmern sich vor allem darum, *ihre* Stellung zu sichern und potenzielle Feinde zu bekämpfen. Dies nicht, wie zu Hannibals Zeiten, mit Schlachtross und Belagerungsturm, sondern mit hinterhältig formulierten E-Mails an geschickt ausgewählte Empfängerkreise (und endlos langen Adresslisten in der cc-Zeile), mit strategisch gestreuten Gerüchten und Intrigen aller Art. Das kostet jede Menge Nerven, Zeit und Geld, die dem Unternehmen nicht mehr für seine eigentlichen Ziele zur Verfügung steht.

Auch zwischen einzelnen Managern und Mitarbeitern kann Misstrauen wuchern wie ein zerstörerisches Geschwür: Wird der Chef – aus welchem Grund auch immer – plötzlich misstrauisch, nimmt er diesen Mitarbeiter an die kurze Leine. Dieser empfindet das als Vertrauensentzug und rächt sich, indem er weniger leistet. Dies wiederum nimmt der Manager zum Anlass, engmaschiger zu kontrollieren, was wiederum seinen Mitarbeiter weiter auf die Barrikaden treibt – nicht selten so weit, dass er kündigt oder dem Unternehmen Anlass zur Kündigung gibt.

Vertrauen gibt es nicht zum Nulltarif

Wenn Sie Geschäftsbeziehungen aufbauen wollen, die sich auf Vertrauen gründen, bleibt Ihnen nichts anderes übrig, als freiwillig auf die Bremse zu treten, davon ist Linda Pelzmann, Mitarbeiterin von Fredmund Malik (Management Zentrum St. Gallen) überzeugt: Der Preis für eine vertrauensbasierte Geschäftsbeziehung ist Zurückhaltung beim Gewinnen und Zurückhaltung, wenn der Geschäftspartner in einer Situation der Verwundbarkeit ist. Vertrauen verpflichtet zur Selbstbeschränkung.

Wie ist das zu verstehen? Sehen wir uns die verschiedenen Ebenen an. Wünschen Sie sich ein großes Maß an *Vertrauen zu Ihren Mitarbeitern wie auch an Vertrauen Ihrer Mitarbeiter zu Ihnen*, dann sind Sie gut beraten, diese – nach einer vernünftigen Risikoabschätzung – nicht allzu stark zu kontrollieren. Und wenn Reinhard Sprenger Recht hat, dann sollten Sie Ihre Leute auch nicht mit Bonussystemen irritieren, sondern schlicht und ergreifend darauf vertrauen, dass diese ihre Leistung nach bestem Wissen und Gewissen erbringen werden. Der von Ihnen geschenkte Vertrauensvorschuss wirkt bei Ihren Mitarbeitern im Idealfall wie eine Verpflichtung zu guter Arbeit.

Im Umgang *mit anderen Abteilungen innerhalb Ihres Unternehmens oder mit externen Geschäftspartnern* gilt: Verletzen Sie Grenzen nur mit Bedacht. Denn sobald Sie in das Territorium Ihres »Gegners« eindringen, bringen Sie das Gesamtsystem ins Wanken und lösen Aggressionen aus.

Wie Vertrauen entsteht

Vertrauen braucht Zeit – und zwar Zeit in der Vergangenheit und in der Zukunft. Das zeigt die Geschichte Hannibals: Die numidischen Reiter kooperierten über eine so lange Zeit mit Hannibal, dass eine Vertrauensbasis existiert haben muss (Vergangenheit). Als sie aber sahen, dass Hannibal nicht über die Römer siegen können würde (Zukunft), wechselten sie die Seite und schlossen sich Scipio an. In der Folge griffen sie von Numidien aus immer wieder Karthago an, was schließlich den Dritten Punischen Krieg auslöste und damit den kompletten Untergang Karthagos besiegelte.

Das zeigt: Eine gemeinsame Vergangenheit ist die Basis für Vertrauen und eine gemeinsame Zukunft der Grund, das gemeinsame Vertrauenskapital weiter auszubauen. Gibt es keine gemeinsame Zukunft mehr, dann wird es sehr wahrscheinlich, dass (mindestens) einer der beiden Geschäftspartner versucht, in letzter Sekunde gnadenlos abzukassieren. Wie unangenehm das sein kann, zeigt sich nicht nur in der Realität der Geschäftsbeziehungen, sondern auch in den privat geführten Rosenkriegen, die wir häufig leider nicht nur aus Hollywood-Filmen kennen.

Je stabiler aber die Vertrauensgrundlage in Ihrem Unternehmen ist, desto eher sind Manager und Mitarbeiter bereit, Informationen und persönliche Einschätzungen zu teilen. Sie gehen offen aufeinander zu und kooperieren im Sinne des Unternehmens (und nicht im Sinne ihrer eigenen *hidden agendas*).

Das spart Geld: Zahlreiche Studien zeigen, dass sich Vertrauen dramatisch auszahlt. Denn Vertrauen ist ein Faktor, der

- Transaktionskosten senkt,
- Kontrollkosten senkt,
- Produktivität und Profitabilität steigert,
- Kooperationen erfolgreicher macht,
- eine schnellere und kostengünstigere Realisierung von Innovationen ermöglicht,
- den Austausch von Ressourcen zwischen Organisationseinheiten fördert,
- den Transfer von Know-how fördert,
- den Aufbau weiterer Netzwerkbeziehungen fördert und
- die konstruktive Regelung von Konflikten fördert.

Menschlichkeit

Kann man bei einem militärischen Führer Menschlichkeit voraussetzen? Diese Frage mutet geradezu paradox an angesichts von Kriegen, die auf die Vernichtung von Menschen, Höfen und Städten abzielen.

Menschlichkeit als Prinzip Hannibals

Dennoch berichten verschiedene Quellen übereinstimmend von der ungewöhnlichen Humanität, die Hannibal auszeichnete und mit der er operierte. Dies bezieht sich einerseits auf seine Person: Hannibal wird als ein Anführer beschrieben, der von sich selbst wenig Aufhebens machte, der die gleiche Kleidung trug und die gleichen Mahlzeiten einnahm wie die übrigen Soldaten. Er schien sich selbst als Soldat unter Soldaten zu sehen und jegliches Statusdenken abzulehnen.

Seine humanitäre Grundhaltung zeigte sich vor allem in der Behandlung seiner Soldaten: Der Althistoriker Karl Christ betont, dass Hannibal, obwohl er unter Zeitdruck stand, »dennoch Ruhetage einlegte und die bald erschöpften Verbände insgesamt nicht überforderte«.

So merkwürdig es klingen mag angesichts des Gemetzels, der Plünderungen und Verwüstungen, die unter Hannibal stattfanden, so zeigte er dennoch auch in Bezug auf seine Gegner so etwas wie Menschlichkeit: So soll »Hannibal dem Morden im Blutbad von Cannae zuletzt doch Einhalt geboten haben« (Augustinus, zitiert nach Karl Christ). Andere Quellen berichten, dass er seine Feinde in Würde vom Felde habe ziehen lassen.

Hannibal hatte zwar seine letzte Schlacht verloren, aber er gab sich selbst nicht geschlagen und sein Land nicht verloren. Er kämpfte auf anderer Ebene weiter. Für uns ist das ein Zeichen für seine menschliche Größe:

Nach der Schlacht bei Zama unterzeichneten Rom und Karthago einen Friedensvertrag (201 v. Chr.). Der Preis war hoch für Karthago: Rom verlangte die Flotte, die Abtretung der Gebiete auf der Iberischen Halbinsel und eine Reparationszahlung von 10 000 Talenten (etwa 360 Tonnen) Silber. Hannibal musste als Feldherr zurücktreten.

Karthago war damit als Wirtschaftsmacht ruiniert – und Hannibal trat erneut auf den Plan: nun als Sufet (Magistrat). In dieser Funktion reformierte er die Staatsordnung Karthagos und das Finanzsystem, trat auch als Baumeister und als militärischer Berater in Erscheinung – und machte sich damit bei den führenden Klassen Karthagos einige Feinde. Diese denunzierten ihn schließlich in Rom: Hannibal plane, sich mit dem Seleukidenreich des Vorderen Orients zu verbünden, um mit dessen Unterstützung erneut in Italien einzufallen. Als die Römer diesem Vorwurf nachgingen, floh Hannibal zum seleukidischen König Antiochos III. – die falschen Beschuldigungen sollten sich jetzt tatsächlich verwirklichen.

Die nachfolgende Zeit war für Hannibal geprägt von ständigen Ortswechseln auf der Flucht vor den Römern. Nach der Niederlage des Seleukidenkönigs gegen Rom gewährten ihm verschiedene Fürsten Schutz und Asyl – sein letztes Domizil war eine Villa in Libyssa, in der Nähe des heutigen Istanbul. Hier beging Hannibal im Winter 183 durch Gift Selbstmord. Über seinem Grab soll einige Hundert Jahre später der römische Kaiser Septimus Severus (193–211), der selbst aus Nordafrika stammte, ein bis ins 11. Jahrhundert sichtbares Denkmalmonument errichtet haben.

Menschlichkeit als Führungsprinzip

In der heutigen Arbeitswelt geht es glücklicherweise nicht mehr so barbarisch zu wie auf den Schlachtfeldern der Punischen Kriege – dennoch werden Ihre *humanistischen Prinzipien* immer wieder auf die Probe gestellt, wenn Sie als Führungskraft über den Umgang mit anderen Menschen entscheiden müssen. Sanktionieren Sie einen Mitarbeiter, der seine Leistungen nicht bringt – und wenn ja, wie hart? Bauen Sie Mitarbeiter ab, um Kosten zu sparen – und wenn ja, wen?

Treiben Sie die Mitarbeiter, die Sie haben, zu noch mehr Arbeit an – und wenn ja, was können Sie ihnen zumuten? Kämpfen Sie für sich selbst, um einer der Gewinner zu sein, und gehen Sie dafür auch über Leichen? Oder setzen Sie konsequent auf Kooperation und darauf, Verluste zu vermeiden?

Ein sehr anschauliches Beispiel für das Thema Menschlichkeit beschreiben Steve Strid und Claes Andréasson in ihrem augenzwinkernden Marketingratgeber *Die Wikinger kommen!*:

Angenommen, in einem Raum bricht Feuer aus. 100 Menschen rennen gleichzeitig zur Tür, schlagen, beißen und treten, bis schließlich 20 nach draußen gelangen und 80 an Rauchvergiftung sterben. Oder: Nehmen wir an, das Feuer bricht in einem Raum mit 100 Menschen aus, die darauf trainiert sind, optimal zusammenzuarbeiten. Sie bewahren Ruhe und verlassen den Raum so schnell und geordnet wie möglich. Alle überleben. Fazit: Im ersten Raum gibt es Helden und Verlierer, im zweiten Raum nur Gewinner.

Humanismus versus Kapitalismus?

Das Gesicht der Wirtschaft zeigt sich zumeist nicht sehr menschenfreundlich: Im Vordergrund stehen abstrakte Zahlen – nicht der konkrete Mensch. Gleichzeitig ist der Faktor Mensch mit seinen Ideen, seiner Kreativität und Schaffenskraft die Basis dafür, dass ein Unternehmen überhaupt Gewinne erwirtschaftet, und es ist deshalb gut beraten, seine Mitarbeiter pfleglich zu behandeln. Dieses Spannungsfeld ist Ihnen als Führungskraft mehr als vertraut.

Sie können – je nach Naturell – unterschiedlich darauf reagieren. Die einen Führungskräfte stellen persönliche Werte wie Mitgefühl und Dankbarkeit in den Vordergrund und strahlen so *menschliche Wärme* aus. Andere präsentieren sich eher *kühl und distanziert*, können aber, wenn sie für die Werte wie Gerechtigkeit und Toleranz einstehen, auf ihre Weise menschenfreundlich führen. Menschlichkeit in der Führung zeigt sich immer dann, wenn Manager und Mitarbeiter

- in ihrer Persönlichkeit gewürdigt und respektiert werden,
- sich bilden und weiterentwickeln können,
- sich in ihrer Arbeit entfalten können
- und so viel Freiheit wie möglich gewährt bekommen.

»Für mich ist ein wertschätzender Umgang miteinander schon etwas, was sich unterscheidet vom Führungsstil der Vergangenheit. Aber es gibt darüber hinaus noch etwas mehr. Es geht auch darum, dass Manager emotional mitbekommen, was passiert«, erklärt Brigitte Witzer, Autorin des Buches *Die Zeit der Helden ist vorbei,* in einem Radiointerview mit dem Hessischen Rundfunk. Sie engagiert sich für eine *postheroische*, menschenwürdigere Unternehmensführung und gibt dafür ein Beispiel: »Ein Dieter Zetsche beispielsweise stellt sich einer Situation, indem er zu einer Betriebsversammlung geht, wovon alle Berater ihm abgeraten haben.« Das war einen Tag nach seiner Ankündigung, im Management und in der Verwaltung von DaimlerChrysler 6000 Stellen zu streichen: »Er stellt sich der Situation. Es geht heiß her, und trotzdem hat er gewonnen und Punkte gemacht.«

Glaubwürdigkeit

Gelingt es Ihnen, in Ihrem Beruf jeden der am Beispiel Hannibals vorgestellten Werte zu verkörpern – Mut, Disziplin, Intelligenz, Vertrauen, Menschlichkeit –, dann erreichen Sie ein hohes Maß an Integrität. Stephen M.R. Covey (der Sohn des renommierten Autors und Beraters Stephen R. Covey) ergänzt, dass dies auch bedeute, kongruent, das heißt in sich stimmig zu handeln: »Also den Mut zu haben, in Übereinstimmung mit den eigenen Werten und Überzeugungen zu handeln.« Wer kongruent sei, so schreibt Covey in der Zeitschrift *ManagerSeminare* (August 2009), lasse sich nicht von irgendwelchen Erfordernissen des Augenblicks treiben, sondern folge einzig und allein seinem Gewissen – also seinen Werten.

Kongruentes Handeln, verbunden mit den Fähigkeiten, überzeugende Pläne zu entwickeln, in die Tat umzusetzen und Ergebnisse zu erreichen, führt zu einer hohen Glaubwürdigkeit. Wenn Sie Glaubwürdigkeit erreichen, schätzen Ihre Kollegen und Ihre Mitarbeiter Sie *als Person* und *folgen Ihnen freiwillig*: weil Sie sagen, was Sie tun, und tun, was Sie sagen.

»Schön und gut«, mögen Sie nun denken, »aber ich bin nun mal nicht der tugendhafte Hannibal, sondern nur ein ganz normaler Mensch.« Das ist gut so. Sie brauchen Ihre kleinen Macken und Schwächen. Denn als superguter Superhero mit Supermoral – oder umgekehrt: als knallharter Widerling ohne jegliche Moral – wären Sie wiederum gar nicht glaubwürdig. Sie kennen diesen Effekt aus dem Kino: Mit den übermenschlichen Helden können Sie sich zumeist weniger gut identifizieren als mit den gebrochenen Gestalten.

Wollen Sie sich Hannibal als Vorbild nehmen und in Ihrem Unternehmen so etwas wie ein Vorbild sein, dann sind Sie also gut beraten, den Heldenumhang im Schrank hängen zu lassen und einfach Sie selbst zu sein. Es wird nicht ausbleiben, dass Ihnen und Ihren Mitarbeitern Fehler unterlaufen und dass Sie nicht jedes Ziel so erreichen, wie Sie sich das vorgestellt haben.

Der Wert Glaubwürdigkeit fasst alle anderen Werte wundervoll zusammen: Hier finden wir Menschlichkeit, Vertrauen, Disziplin, Intelligenz und Mut aufs Engste verwoben. Nur eines müssen wir an dieser Stelle hinsichtlich der Glaubwürdigkeit sehr deutlich betonen: Wir können uns diesen Wert nicht einfach nehmen, wohl aber erarbeiten. Es lohnt sich, darum zu ringen – auch wenn der innere Kampf gegen die schwächeren Anteile der eigenen Persönlichkeit hart sein kann. Lassen Sie uns im folgenden Kapitel deshalb genauer untersuchen, wie uns die Auseinandersetzung mit *Helden* dabei unterstützen kann.

Kapitel 2

Helden: Was wir von ihnen lernen können – und was nicht

Helden – im Moment haben sie Konjunktur, auch wenn sie nicht bei allen gleichermaßen hoch im Kurs stehen: Die einen rufen nach ihnen (zum Beispiel Werner T. Fuchs mit *Management by Heroes: Warum wir Vorbilder brauchen und ihnen folgen*), die anderen wollen nichts mehr mit ihnen zu tun haben und geben eine »Anleitung für ein postheroisches Management« (etwa Brigitte Witzer: *Die Zeit der Helden ist vorbei: Persönlichkeit, Führungskunst und Karriere*), und wieder andere machen sich über sie lustig (wie die Rockbands *Wir sind Helden* oder *Revolverheld*). Wir sind überzeugt davon, dass jede dieser Bewegungen auf das gleiche, archaische Phänomen hinweist: In unsicheren Zeiten tauchen in unseren Köpfen Helden auf – ob wir sie nun wollen oder nicht. Warum suchen wir überhaupt nach Helden? Und wenn wir es schon tun: Was können wir von ihnen lernen?

Warum wir Helden brauchen

Helden gibt es überall auf der Welt, zu jeder Zeit, in jedem Kulturkreis. Sie leben in der Geschichte, in Märchen, Sagen, Legenden, Comics, Filmen (vor allem aus Hollywood) und manchmal auch in der Gegenwart. Meistens sind sie männlich und mit einem großen Auftrag unterwegs (die Welt, das Unternehmen oder die Jungfrau retten; das innovative Produkt oder den heiligen Gral finden).

Weil sie physisch und psychisch besonders stark sind, können sie große Entbehrungen ertragen und große Heldentaten vollbringen. Sie sind es, die das Ruder im entscheidenden Augenblick herumreißen – als moderne Superhelden sind sie sogar darauf spezialisiert. Wir lieben Helden, weil sie unsere tiefsten Wünsche zugleich auslösen und befriedigen: unsere Sehnsucht nach einer starken Hand und unsere Sehnsucht nach einer unkomplizierten und schönen Welt.

Abwehr von Angst

Heldengeschichten besitzen oft den Charme einer übergroßen Klarheit: Da ist das Gute und dort ist das Böse, hier ist der Chef und da der Gehilfe. Und was passiert, läuft in schönen Kausalketten nacheinander ab.

So schön übersichtlich geht es in der Wirtschaft leider nicht zu: Unternehmen kooperieren heute, morgen treten sie in Konkurrenz, und übermorgen werden beide vom gleichen Investor geschluckt. Unternehmensteile werden abgespalten, arbeiten vernetzt weiter, wobei wichtige Fach- und Führungskräfte heute unter diesem und morgen unter jenem Logo agieren. Das geht ganz schnell, und oft ist die Lage unübersichtlich.

Das gilt auch für das Management. Neben die klaren *Wo-ich-bin-ist-vorne*-Haltung traditioneller Manager sind andere Formen der Führung getreten: zum Beispiel eine Führung, die Mitarbeitern ein großes Maß an Macht zu übertragen versucht (partizipativ), oder sogar eine, die ganz ohne Weisungsbefugnis auskommen soll (lateral).

Die damit verbundene Verantwortung, die Unübersichtlichkeit und den Stress empfinden sowohl Manager wie auch Mitarbeiter – auch wenn sie es nicht offen zugeben würden – oftmals als ziemliche Zumutung. So ist es nicht erstaunlich, dass sich dann und wann der Wunsch nach einem Menschen meldet, der, bitte schön, die (imaginierte) frühere Klarheit wiederherstellen soll. »Die Sehnsucht nach dem Helden und seine Verklärung sind Ausdruck von Angst und Verunsicherung«, erklärt Oswald Neuberger, Professor für Psychologie an der Universität Augsburg in seinem Buch *Führen und führen lassen*, »weil man den chaotischen Mächten allein nicht gewachsen zu sein glaubt, hofft man durch einen Über-Menschen gerettet zu werden.«

Heute werden die »chaotischen Mächte« oftmals in Asien lokalisiert: Hier lauern kleine, aber kraftvolle *Tigerstaaten* (Südkorea, Taiwan, Singapur, Hongkong) und neue *Supermächte* wie Indien oder China. Die »chaotischen Mächte« sind aber auch mitten unter uns: *Heuschrecken* (Finanzinvestoren), *die den Markt durchlöchern* – um einige Schlagworte aus den tagesaktuellen Medien aufzugreifen.

Hoffen auf den Erlöser

Die kollektive Sehnsucht nach dem Einen, nach *dem* Erlöser, hat die Kultur des christlichen Abendlandes tief geprägt. Offenbar ist das Gefühl des schutzlosen In-die-Welt-geworfen-Seins tief in uns verwurzelt, genauso wie der tiefe Wunsch nach Schutz, Sicherheit und Orientierung. Die christliche Theologie ist sogar im Grunde eine Erlösungslehre: Sie geht davon aus, dass diese Welt prinzipiell als »gute Welt« konzipiert ist, dass der Weg zu ihrer Erlösung schon begonnen hat und dieser Prozess – irgendwann, hoffentlich – auch abgeschlossen sein wird.

Der Volksglaube nun stellt sich die Erlösung interessanterweise nicht zuerst als eine Handlung des christlichen Gottes vor, sondern hat das Thema in zwei andere Richtungen projiziert: zum einen auf ein *Jenseits*, das vor allem im Spätmittelalter mit Ablassbriefen und der Betonung der Sakramente beschworen, mit Engeln bevölkert und herbeigesehnt, mit Feuer und Dämonen ausstaffiert und gefürchtet wurde. Und zum anderen auf den *Helden* Jesus, der nach christlicher Vorstellung durch seine Geburt, sein Leben, Sterben und seine Auferstehung die gesamte Menschheit erlöst und befreit.

Interessanterweise geht er (Theologen mögen uns diesen Vergleich verzeihen) einen ähnlichen Weg wie Hannibal rund 200 Jahre vor ihm: Er entspricht den politischen Erwartungen nicht, und er setzt sich *nicht* an die Spitze eines Aufstandes gegen die Römer. Damit landet er (wie Hannibal) zwischen allen Stühlen. Der jüdische Hohe Rat fürchtet ihn. (»Sie sagten: Was sollen wir tun. Dieser Mensch tut viele Zeichen. Wenn wir ihn gewähren lassen, werden alle an ihn glauben. Dann werden die Römer kommen und uns die heiligen Stätten und das ganze Volk nehmen.« Johannes 11,47–48) Rom möchte ihn ebenfalls loswerden, und so wird Jesus zum Tode verurteilt. Der Held überwindet das Böse (die Römer) also nicht, sondern geht daran zugrunde (wie Hannibal). Seine Anhänger sehen dies aber nicht als Scheitern, sondern als Aufruf, ihrem Erlöser zu folgen und auf seine Rückkehr zu warten (»Und alsdann werden sie sehen den Menschensohn kommen in einer Wolke mit großer Kraft und Herrlichkeit.« Lukas 21,27).

Zu Zeiten Hannibals muss die Angst vor der *Supermacht* Rom sehr greifbar gewesen sein. Immerhin hatte Karthago im Ersten Punischen Krieg (264–241 v. Chr.) gegen Rom herbe Verluste erlitten. So wünschte sich das Volk nach dem Tod von Hannibals Vater Hamilkar Barkas (und dem Tod von dessen Nachfolger Hasdrubal) offenbar einen neuen Helden – und Hannibal wollte und konnte diese Rolle ausfüllen.

Hannibal personalisierte damit kollektive Wünsche und Fantasien: den Wiederaufstieg der damaligen Weltmacht Karthago, vielleicht auch eine Rache an Rom.

Heute »funktionieren« Helden noch genauso: Sie bieten uns die Möglichkeit der *Projektion*, indem sie die Wünsche, die für uns selbst unerfüllbar sind, Wirklichkeit werden lassen. *Und* sie erlauben uns eine *Identifikation*, durch die wir mit ihnen verschmelzen und dadurch Teil haben können an der Erfüllung des Wunsches.

Hat der Held Erfolg, genießen wir den Gewinn des Spiels von Projektion und Identifikation. Scheitert er, so neigen wir zu zwei extremen Reaktionen: Entweder fühlen wir uns so betrogen, dass wir den gefallenen Helden dämonisieren – wir wählen ihn als Zielscheibe für Hassprojektionen. Oder wir idealisieren ihn, indem wir seinem Leben und seinem Tod eine höhere Bedeutung beimessen.

Wir kämpfen heute zwar nicht mehr unter Hannibal gegen Rom, aber wir rangeln mit der Konkurrenz um Marktanteile (was im Prinzip ähnlich ist: Immer geht es um die Verteilung von so etwas wie Kuchenstücken). Wir stapfen nicht mehr durch Eis und Schnee hinter Hannibals Elefanten her, sondern ringen uns für den Inhaber, Vorstand (oder welchen Helden auch immer) im Kampf mit PowerPoint Nachtschichten ab.

Warum? Weil wir selbst auch Helden sein wollen. Wir wollen, wenn wir schon nicht selbst auf dem Siegertreppchen stehen, immerhin dazu beitragen, dass unser Held dort oben glänzt. Wir lieben Siege, und wir lieben die Geschichten, die wir über den Kampf und den Triumph zum Besten geben können. Das ist der Grund, warum Woche für Woche Tausende von Fußballfans siegesgewiss in die Stadien pilgern. Und auch wenn etwa die Hälfte von ihnen mit gesenkten Köpfen nach Hause fährt, bleiben sie doch ihrem Club treu – in der Hoffnung auf den nächsten Sieg.

Genau hier machen die Management-Vordenker Henry Mintzberg und Robert Simons den Grund unserer Heldenobsession aus: Echte Unternehmensführung sieht gar nicht so heroisch aus. »Sie ist eher leise als heroisch. Sie ist vernetzt, involviert und engagiert. Es dreht sich um Teamwork und um langfristige Perspektiven; darum, eine Organisation langsam, sorgfältig und gemeinsam aufzubauen.« Da wird viel telefoniert, in Sitzungen gesessen und Papierkram erledigt – medial ist das kaum zu verwerten.

Laut dem Change-Management-Experten Klaus Doppler finden das viele Manager schade und inszenieren ihre eigenen Heldengeschichten deshalb kurzerhand selbst: »Helden lieben Bombenwurfstrategien. Alles auf einmal, großer Auftritt nach scheinbar genauem Plan, gleißendes Scheinwerferlicht auf die Trümmer und zur Siegesfeier.«

Der Heldenkult verstärkt sich selbst

Offenbar treibt uns eine Sehnsucht nach aufregenden Geschichten, an denen wir teilhaben wollen, eine Sehnsucht nach Abenteuern: »Es ist – seit der Odyssee – ein einträgliches und unterhaltsames Geschäft, Helden zu besingen«, bestätigt dies Psychologie-Professor Oswald Neuberger mit Blick auf das große Feld der Management-Presse, das von nichts anderem als Heldenliedern lebt. Weil diese Lieder dort so schön zu lesen sind, glauben viele Manager und ihre Mitarbeiter (um nicht zu sagen: Anhänger) tatsächlich, dass es »allein auf den Mann an der Spitze ankommt. So wird durch die Aufmerksamkeit, die die Großen oder groß Herausgebrachten erfahren, Nachfrage nach Informationen sowohl befriedigt wie erzeugt.«

Das System erhält und verstärkt sich gewissermaßen selbst. Es gibt genug kritische Geister, denen das aufgefallen ist – und das ist ein Grund für die merkwürdig ambivalente Beziehung zu Helden aller Art, die wir und sicherlich auch Sie, liebe Leserin und lieber Leser, heute pflegen.

Ambivalente Beziehung

Die Zeit des Nationalsozialismus hat uns brutal gezeigt, was ein Volk anrichten kann, das einem einzigen, vermeintlichen Helden folgt – und hat eine Umwälzung unseres Denkens und einen gesellschaftlichen Bruch ausgelöst. In den 1960er Jahren sind die »starke Außenorientierung, die patriarchalischen Symbole, die hohle und leere Autorität, die früher noch unproblematisch möglich war (…) zusammengebrochen«, ist Brigitte Witzer überzeugt, Verfechterin eines *postheroischen* Managements.

Offenbar hängen wir aber weiterhin an den Trümmern unserer Heldenbilder – und so kommt es immer wieder zu gegenläufigen Bewegungen. Helden werden auf einen Sockel gestellt, wieder heruntergestoßen, erneut aufgebaut und wieder umgeworfen (eine endlose Anstrengung, die an Sisyphos erinnert).

Diese Ambivalenz wird von Management-Büchern wie *Das Odysseusprinzip* bewusst ausgefochten. »Die Helden und die Führer fallen von ihrem Thron, aber der Heldenmythos ist unausrottbar«, erklärt Kurt Buchinger, einer der beiden Autoren, die diesen Wunsch bedienen wollen, indem auch sie für ihr Buch einen Helden wählten – »wenn auch einen Antihelden«.

»Der (regressive) Wunsch nach paradiesischer Sicherheit und seine Unerfüllbarkeit – beides wird zelebriert«, ergänzt Co-Autor Herbert Schober-Ehmer. So nähere man sich anstehenden Aufgaben mit großem Aufwand unter hohen emotionalen Kosten an – mit Sehnsucht, Ressentiments und schließlich mit der Befriedigung darüber, »dass alle, auch die vermeintlichen Helden, Opfer sind«.

Beides führt uns nicht weiter: nicht das Umdrehen der Heldenrolle in die Opferrolle – und die einseitige Verdammung des Helden als Täter genauso wenig. Beides zeigt lediglich, wie groß die irrationale Anziehungskraft ist, die Helden auf uns ausüben.

Wenn wir etwas von Helden lernen wollen, müssen wir diesen Sumpf durchwaten (das tun wir im folgenden Kapitel), und uns schließlich daraus befreien.

Helden als Ver-Führer

Schauen wir uns also näher an, wie Menschen auftreten, die zwar gerne den Helden spielen, dies aber ohne Sinn, Verstand und vor allem ohne Werte tun. Es sind falsche Helden, von denen wir nichts lernen können – die wir aber erkennen können sollten, um uns vor ihnen zu schützen. (Wenn Sie es in Ihrem Job mit sehr vielen Exemplaren dieser Spezies zu tun haben und provokante Lektüre lieben, sei Ihnen *Der Arschloch-Faktor: Vom geschickten Umgang mit Aufschneidern, Intriganten und Despoten im Unternehmen* von Robert I. Sutton empfohlen.)

Abheben

Viele Führungskräfte verspüren den Wunsch, von ihren Mitarbeitern als Held gesehen und verehrt zu werden. Sie erträumen sich ein Charisma, das einfache Mitarbeiter in begeisterte Nachfolger verwandelt. Doch weil so etwas in der Realität nur selten vorkommt, lassen sich Vorgesetzte gelegentlich dazu verleiten, ihre eigene Person zu verklären:

- Einerseits mit den Mitteln des *Theaters:* Das Chef-Zimmer wird zur großen Bühne mit passenden Heldensymbolen, Chef-Parkplatz und Konferenzraum zu wichtigen Nebenschauplätzen; Öffentlichkeitsarbeit unterstützt und verbreitet die Inszenierung; Unterwerfungsgesten der Mitarbeiter erhöhen den Helden.

- Andererseits mit der *Fantasie*: Die Führungskraft entwickelt Größenfantasien, hält sich für unfehlbar, verdrängt Zweifel – und gerät bei Kritik in narzisstische Wut.

»Wer sich als Held sehen kann, ist oder wird größer, stärker, mächtiger. Daraus schöpft er das Selbstbewusstsein, bedingungslosen Gehorsam zu fordern«, erklärt Oswald Neuberger die Motivation, die hinter der Tendenz zum Abheben steht.

Plattwalzen

Wenn ungeeignete Führungskräfte in den Heldenmodus wechseln, nehmen sie gelegentlich die Charakterzüge einer Planierwalze an: Sie rollen mit Kraft und Macht auf Widerstände zu und begraben sie schlicht und ergreifend unter sich. Diese Methode führt naturgemäß zu Kollateralschäden und hat in der heutigen Zeit noch einen weiteren Nachteil: Sie funktioniert nicht mehr (falls sie je richtig funktioniert hat).

Denn heute sind die Zusammenhänge im Berufsleben oft so verdichtet, dass sich weder Kausalketten bilden noch Schuldige finden lassen, wenn etwas schiefläuft. Dem modernen Manager bleibt oft nichts anderes übrig, als ziemlich un-heldenhaft zuzuschauen.

Das ist gar nicht so leicht, zumal für solche Heldenmanager, die sich einmal erfolgreich – zum Beispiel in einer Ausnahmesituation – als Planierwalze erlebt haben. Ihnen gelingt es häufig nicht, nach der Krise wieder zu einem angemessenen Führungsstil zurückzufinden – was dazu führt, dass auch Mitarbeiter sich nicht entsprechend der veränderten Situation verhalten, sondern in duckmäuserischem Verhalten verharren und das Unternehmen schlimmstenfalls dann gemeinsam mit ihrem Chef an die Wand fahren.

Andere wiederum sehnen sich Szenen herbei, in denen sie endlich Management-by-Dampfwalze ausleben dürfen. Kommt keine Krise, dann werden lediglich herausfordernde Situationen durch sie kurzerhand zur Krise stilisiert – und dann der Vorhang für den Helden aufgezogen. »Heldentum ist verführerisch«, weiß Klaus Doppler. »Ist doch dem Helden im Rahmen einer Notfallverordnung unter Aussetzung der üblichen Spielregeln der direkte Durchgriff erlaubt.«

Verkümmern

Wer stark aussehen will, muss seine Schwächen verstecken – das ist die Kehrseite des Heldentums, zumindest für Möchtegernhelden. Sie neigen dazu, sich nicht mit ihren Ängsten und Schwächen oder mit Gefühlen wie Ohnmacht oder Wut auseinanderzusetzen. Weil sie nicht wissen, wohin mit diesen »weichen« Anteilen, versuchen sie den Bezug zu ihnen kurzerhand zu kappen (oft mithilfe von Alkohol) – und desintegrieren damit ihre gesamte Persönlichkeit.

Dies zumindest hat Anita von Raffay beobachtet, die schon 1990 ein Buch über den *Abschied vom Helden* veröffentlicht hat. Ihr zufolge gibt sich der »heldische Mann« so unverwundbar und unanfechtbar, dass er letztendlich selbst gar nicht mehr weiß, was er fühlt – er wird »zum ›Schausteller‹ seiner Gefühle und des Gewissens«. Er hält zwar »alles für machbar«, ist aber »vor seiner Innenwelt ständig auf der Flucht« und damit von sich selbst und anderen Menschen abgeschnitten.

Weglaufen

Wer sich nicht wirklich mit anderen Menschen verbunden fühlt, übernimmt auch keine echte Verantwortung. »Heroisches Leadership hat das Problem, dass es losgelöst ist. Es treibt einen Keil zwischen den Leadern auf ihrem Sockel und allen übrigen«, kritisiert denn auch Heike Littger, Redakteurin beim Online-Magazin *ChangeX*, das sich mit dem Wandel in Wirtschaft und Gesellschaft auseinandersetzt. »Zu befürchten haben sie nichts: Sie versilbern ihre Optionen, wenn der Kurs steigt, und springen mit dem goldenen Fallschirm ab, wenn er fällt – manchmal sogar beides.« Das ist verantwortungslos. Diese Manager missbrauchen das Vertrauen aller, die mit dem Unternehmen verbunden sind: Eigentümer, Mitarbeiter und Kunden.

Narziss in Nadelstreifen

In der Gilde der Topmanager hat sich in den vergangenen 20 Jahren der Typus der Persönlichkeiten mit »narzisstischer Problematik« stark verbreitet, konstatiert der Management-Trainer Klaus Eidenschink in einem Beitrag für die Zeitschrift *OrganisationsEntwicklung*. Darunter fallen Manager, die in ihrem Leben früh gelernt haben, nicht so zu sein, wie sie sind, sondern so, wie sie sein sollen, und sich selbst darüber aus den Augen verloren haben. Sie finden keine Ruhe in sich selbst, sondern beruhigen sich durch eine mit großem Aufwand betriebene Inszenierung von Erfolg.

Dabei sind sie nicht wirklich selbstbewusst – das ist Eidenschink zufolge nur äußere Schale –, sondern im Gegenteil »sehr verunsichert, depressiv und labil«. Vertrackt: »Menschen, die in narzisstischen Nöten stecken, leiden nicht, sie lassen leiden.« Und sie bringen ihre Mitarbeiter dazu, nicht an ihnen, den vermeintlich strahlenden Helden, zu zweifeln, sondern an sich selbst. Das kann so weit gehen, dass »alle Schwierigkeiten im Unternehmen als Ausdruck davon interpretiert (werden), dass nicht alle so genial sind wie der Geschäftsführer«.

Sogenannte Narzissten sind nicht in der Lage, sich mit Kritik auseinanderzusetzen – dafür aber ganz groß darin, Visionen zu produzieren. Sie führen nach dem Motto »Was kümmern uns die Probleme von heute, wenn wir die Sieger von morgen sind«, und führen damit nicht wenige Unternehmen in die Insolvenz.

Abheben, plattwalzen, verkümmern oder weglaufen – das sind Verhaltensweisen von Möchtegernhelden. Und das ist es nicht, was wir und Sie von Helden lernen können.

Was wir von Helden lernen können

Für uns sind Helden herausragende Persönlichkeiten, die ein Leben lang nicht nur für ihren Auftrag, sondern auch an sich selbst gearbeitet haben. So intensiv, dass sie aus sich heraus Werte leben und auf Grundlage dieser Werte sich selbst und andere Menschen führen können.

Führen und dienen

Hannibal genoss eine hohe Glaubwürdigkeit bei seinen Soldaten – heute würden wir sagen: in seinem Team. Das lag aus Sicht des römischen Historikers Titus Livius daran, dass er sich gerade *nicht* als heldenhafter Führer stilisierte, sondern in seinem Habitus einer der ihren blieb. Livius unterstreicht im 21. Buch seiner *Römischen Geschichte*, dass Hannibal beides konnte: folgen und führen. Es habe nie einen Geist gegeben, der so geschickt zu zwei so entgegengesetzten Dingen wie Befehlen und Gehorchen in der Lage gewesen sei. (Falls Sie Latein lieben, hier Livius 21,4,3: *Nunquam ingenium idem ad res diversissimas, parendum atque imparandum, habilius fuit.*)

Führen und folgen – ein wirklicher Held macht da keinen Unterschied, wenn es nur der Sache dient. Das konnten drei Wissenschaftler der TU Chemnitz zeigen, die 20 Experten aus »Hochleistungssystemen« interviewten: Feuerwehrleute, Spezialeinsatzkommandos der Polizei, Rettungssanitäter und Boxenstopp-Teams. Die Frage der Forscher: Wie gelingt es diesen Teams, unter höchstem Zeitdruck, unter Lebensgefahr und ohne finanzielle Anreize erfolgreich zu sein?

Eine Erklärung ergibt sich aus der gemeinsamen *Zielorientierung*: Für kleinliche Ego-Scharmützel bleibt einfach keine Zeit, wenn es darum geht, Leben zu retten oder ein Rennen zu gewinnen. Für alle ist das gemeinsame Ziel so klar, dass sie ihr Handeln bei plötzlichen Veränderungen sehr schnell anpassen können.

Eine weitere Erklärung lässt sich aus der Organisationsstruktur ableiten: Hochleistungsteams arbeiten entweder in sogenannten High Reliability Organizations (kurz HRO, übersetzt: »Hochzuverlässigkeitsorganisationen«) oder in extrem flexiblen und vernetzten Einsatzstrukturen. Wer welche Aufgabe übernimmt, richtet sich nicht nach der formalen Hierarchie, sondern ausschließlich nach den Anforderungen der Situation. Bei einem Sondereinsatzkommando etwa agieren auch vorgesetzte Polizisten als einfache Teammitglieder und folgen den Weisungen ihrer Mitarbeiter, wenn die Situation dies notwendig macht. In einem guten Projektteam sollte die partnerschaftliche *Suche* nach dem besten Weg immer im Vordergrund stehen – nicht die Weg*vorgabe* des Vorgesetzten.

»Der wichtigtuerische Macher-Wahn, der mit jeder Tat das Chaos in der Welt unabsehbar vermehrt, ist Ausdruck verblendeten Heldentums. Erleuchtet ist der Held, wenn er erkennt, dass es nicht auf das profilierende Tun des Einzelnen ankommt, sondern auf die demütige Unterordnung unter das Ganze.«

Oswald Neuberger

Gerade für junge Führungskräfte kann dies eine große Herausforderung darstellen. Da haben sie sich gerade mental darauf eingestellt, endlich auf dem Chefsessel zu sitzen und den Ton anzugeben, und schon müssen sie sich selbst zurückpfeifen und wieder in die Reihe einordnen, um ihre Rolle als Teil des Ganzen zu spielen: als Mitspieler, als Unterstützer und Ermutiger, als Coach und als jemand, der stolz ist auf sein Team und dankbar für die Leistung jedes Einzelnen.

Die Kunst besteht darin, nicht zwischen den Rollen des Führers und des Dieners hin- und herzuschwanken, und auch nicht zu versuchen, beide Rollen gleichzeitig zu spielen, sondern die scheinbaren Widersprüche auf einer höheren Ebene zu integrieren: »Teamleader können zielgerichtet zupacken *und* aufmerksam zuwarten, sie verbinden Gestalten *und* Hinnehmen miteinander, sie geben die Richtung vor *und* können einfühlsam mitgehen, sie stehen für sich allein *und* sind mit anderen verbunden, sie sind selbstbewusst *und* selbstzweifelnd, sie helfen *und* lassen sich helfen – sie sind stolz *und* demütig zugleich«, so bringt es Herbert Schober-Ehmer (*Das Odysseusprinzip*) auf den Punkt.

»Gleichberechtigt im Glanz«

Aus meinen ersten Expeditionen habe ich, Joachim Franz, die Erkenntnis mitgebracht, dass Abenteuer, in denen ich allein im Mittelpunkt stand, zwar mein »Heldenepos« schliffen, aber dieses Epos extrem pflegebedürftig war, weil ich es nur durch permanentes Schleifen und Polieren aufrechterhalten konnte. Ich wollte aber keinen kurzlebigen *Toll-und-tschüss-Traum*, ich wollte keine *Deutschland-sucht-den-Superstar*-Mentalität, ich wollte kein *Oberflächenheld* sein.

Deshalb habe ich mich entschieden, nicht mehr mich selbst, sondern meine Mission in den Mittelpunkt zu stellen: den weltweiten Kampf gehen HIV/Aids. Ein solches Ziel lässt sich nicht mit einem einzigen Schaut-mal-alle-her-Helden erreichen. Hier brauchte es viele Helden, die ich führen *und* denen ich dienen konnte. So haben an meinen Expeditionen viele Menschen teilgenommen, die, egal welche Aufgabe sie nun hatten, gleichberechtigt waren: Gleichberechtigt in der Verantwortung und gleichberechtigt im Glanz.

Der Bruch mit dem Heldenbild, das in der Extremsport- und Abenteurerszene gepflegt wird, rief zahlreiche Gegner auf den Plan: »Wie kann jemand den Einzelhelden so infrage stellen?« »Wie kann man im Rahmen einer Expedition *No-Names* auf die gleiche Stufe mit *dem* Abenteurer stellen?«

Der Bruch mit dem Sherpa-Everestbezwinger-Prinzip – »Ich bin am Ende der Held, und ihr Sherpas habt Geld verdient« – war notwendig und möglich. (Am Berg meuternde Sherpas, die mehr Geld haben wollen, gehören zu einem alltäglichen Bild auf den Wegen entlang der 8000-Meter-Hügel.) Denn alle Teilnehmer haben an den Sinn der Mission geglaubt und waren ehrenamtlich dabei. Alle haben meiner *Führung* vertraut, weil sie gesehen haben, dass ich ihnen und ihrem Engagement *diene*, und damit letztendlich der größeren Idee.

Unserer Meinung nach brauchen Menschen einen Helden – immer, aber nur punktuell: Er muss sie für einen Moment mitreißen können, sie motivieren, einen eigenen Denk- und Handlungsprozess zu starten, die richtigen Mittel kennen und wählen. Er selbst sollte allerdings in einem solchen Prozess umgehend seinen wichtigsten Job machen: die Heldenrolle abgeben.

Für Führungskräfte besteht die Kunst nicht darin, permanent den Helden zu spielen, sondern eher darin, jedem Beteiligten das Gefühl zu geben, selbst ein wirklicher Held zu sein. Meine Erfahrungen aus unzähligen Aktionen und vor allem Expeditionen haben bei dieser Erkenntnis eine große Rolle gespielt, und es hat ein paar Jahre und Erfahrungen gebraucht, dieses Prinzip zu erkennen, zu verstehen und es auf unternehmerische Ziele und Ansprüche zu übertragen.

Komplexität managen

Führen und dienen – wer aus dieser Haltung heraus führt, der ist auch in der Lage, unter komplexen Rahmenbedingungen zu managen.

Dabei ist die Komplexität, mit der wir es heute in der vernetzten Welt zu tun haben, möglicherweise vergleichbar mit der Komplexität der antiken Welt Hannibals: In seiner Zeit war die Lage der Dinge wahrscheinlich häufiger unklar als klar: Wer ist wo? Wer hält zu wem? Wann kommt wer wo an? Und was ist in der Heimat, in Karthago, los? Die Abläufe waren zwar eher langsam, ließen sich mit berittenen Boten (doch eben ohne Uhr, E-Mail und Mobiltelefon) aber dennoch nur vergleichsweise mühsam koordinieren und kontrollieren.

Heute haben wir in vielen Bereichen nicht nur Hannibals Elefanten-Zeitalter hinter uns gelassen, sondern auch das Zeitalter der Ingenieurkunst, und sind auf digitalen Kanälen dabei so schnell geworden, dass uns die Abläufe schon wieder entgleiten.

Entscheiden

Das führt dazu, dass Manager unter schwierigen Rahmenbedingungen Entscheidungen treffen müssen: Häufig zeigen sich keine klaren Lösungen, sondern bieten sich lediglich Alternativen. Prozesse laufen nicht von A über B nach C, sondern blitzschnell durch das vernetzte Unternehmen, sodass die Folgen von Entscheidungen häufig nicht bis ins Detail absehbar sind. So bleibt Führungskräften oft nichts anderes übrig, als unter Risiko zu entscheiden – nach bestem Wissen und Gewissen.

Bei rein rationalen Entscheidungen können wir übrigens nur eine begrenzte Zahl an Parametern berücksichtigen. Lassen wir es jedoch zu, auch andere Anteile mit entscheiden zu lassen, kommen wir häufig zu besseren Ergebnissen. Je nach Forschungsrichtung sprechen Experten hier von Intuition, Emotion, dem Unbewussten, dem Bauchgefühl oder von somatischen Markern. Wir sind überzeugt davon, dass unser moralisches Grundgerüst mit beiden Anteilen verbunden ist: mit den Emotionen, weil wir Werte über starke Erfahrungen lernen, und über die Ratio, weil wir sowohl unsere Werte als auch unsere Erfahrungen reflektieren können (und sollten).

Wichtig ist, dass wir überhaupt zu Entscheidungen kommen, die nachvollziehbar sind, und dann fest zu diesen Entscheidungen stehen. Sie dürfen keine Angst vor der Macht haben, die damit verbunden ist. Diese Herausforderung ist offenbar nicht nur in der Welt des Managements Thema, sondern auch in der Welt der Helden: So heißt es von Odysseus, er habe gegenüber seinen Gefährten immer auf der Macht des letzten Wortes beharrt – und das Gleiche wird über Hannibal berichtet: »Hannibal hatte stets das letzte Wort, und dieses blieb unangefochten.«

Führen, dienen, Komplexität bewältigen, entscheiden – ein überzeugendes Management nach dem Vorbild wirklicher Helden ist nur möglich, wenn Führungskräfte die zentralen Werte verinnerlicht, verkörpert und schließlich einen Zugang zum eigenen Besonderen gefunden haben. Denn wenn sie bei sich erkennen, was sie besonders macht, und dies auch umzusetzen lernen, brauchen sie immer weniger vermeintliche Superhelden – sie entdecken stattdessen ungeahnte Kräfte in sich selbst. Von heute auf morgen geht das nicht – aber es ist im Grunde für jeden möglich, der bereit ist, sich auf diesen Prozess der Selbstveränderung einzulassen.

Wir sind davon überzeugt, dass jeder zum Helden taugt. Ob auch Sie, liebe Leserin und lieber Leser, selbst Heldenformat gewinnen, hängt von Ihrer Bereitschaft ab,

- herauszufinden, wer Sie wirklich sind,
- zu erforschen, was Sie einzigartig macht,
- daran zu arbeiten, Ihre Stärken wirklich einzusetzen,
- ehrlich zu sein mit Ihren eigenen Schwächen,
- sich auf andere in jedem Bereich des Lebens zu beziehen,
- Ihre Worte und Taten in Einklang zu bringen, und
- mit Ihren Herausforderungen weiter zu wachsen.

Immer weiterziehen

Hannibal hatte zu Beginn seiner Karriere als Feldherr möglicherweise kein klares Ziel und keine Vision: Wollte er jemals Rom direkt angreifen, oder zielte er lediglich darauf ab, das Römische Reich zu destabilisieren? Wir wissen es nicht. Damit befindet er sich in erstaunlicher Nachbarschaft zu vielen, sehr erfolgreichen Wirtschaftsführern, die Michel Villette (L'École des hautes études en sciences sociales, Paris) und Catherine Vuillermot in ihrem Buch unter dem Stichwort »Business-Helden« porträtieren (*Portrait de l'homme d'affaires en prédateur*, 2005; engl. Übersetzung: *From Predators to Icons – Exposing the Myth of the Business Hero*, 2009).

Villette und Vuillermot zeigen, dass viele wirklich erfolgreiche Größen der Wirtschaft ihren ersten Durchbruch nicht den Fähigkeiten verdanken, die von Wirtschaftsuniversitäten hochgehalten werden (fixe Vision, Controlling etc.), sondern ganz anderen Fähigkeiten: »dem Auge für eine Chance, raschem Zugriff und der Bereitschaft, komplett vom Plan abzuweichen«. Sie haben Mut bewiesen und sind vertrauensvoll ein großes Risiko eingegangen.

Das Erfolgsprinzip dieser modernen Helden funktioniert nicht nach dem Motto »Ziel definieren und kämpfen, bis es erreicht ist (koste es, was es wolle)«. Es geht vielmehr darum, das Ziel fortwährend neu zu finden, und darum, die Zahl der Möglichkeiten zu erweitern. »Diese Möglichkeit zu situativem Handeln anstelle des Durchziehens bis zu was für einem Ende auch immer, das finde ich so wichtig und so zentral«, sagt Postheroin Brigitte Witzer. »Und ich meine, dass wir auch die Möglichkeit dazu haben, wenn wir nur ein paar Vorbilder dazu bekommen.«

Für uns übernimmt Hannibal die Rolle des Vorbilds, weil er für uns zentrale Werte verkörpert: Mut, Disziplin, Intelligenz, Vertrauen und Menschlichkeit. Mit diesen Werten im Hinterkopf und einem Tagebuch im Gepäck begeben wir uns nun in unwirtliches Gelände, um zu erfahren, was Führen und Folgen unter diesen Bedingungen bedeutet. Das mag ein ungewöhnlich hartes Vorgehen sein, eines, das jeden an seine Grenzen bringt und massiv unter die Haut geht. Wir sind überzeugt: Gerade deshalb führt es uns weiter. Das haben wir selbst erlebt.

Kapitel 3

Expeditionen: Gemeinsam Grenzen überschreiten

Folgen Sie uns nun auf drei völlig unterschiedliche Expeditionen und *durchleben* Sie die Veränderungen, die die Teilnehmer – als einzelne Personen, aber auch als ganze Teams – unterwegs und in den begleitenden Seminaren *durchlebt* haben. Ziehen Sie sich warm an: Wir erklimmen gemeinsam den Kilimandscharo, steigen auf den Brocken und durchwandern die Schlachtfelder von Verdun.

Der Weg der Veränderung ist steinig

Unser Leben ist wie eine Reise: Wir werden jeden Tag mit Veränderungen, mit Sieg und Niederlage, Erfolg und Versagen, Vertrauen und Betrug, Einsamkeit und Gemeinschaft konfrontiert. Wir begegnen unseren tiefsten Ängsten und Herausforderungen – unserem *Dämon,* den es zu besiegen gilt. Es bleibt uns oft nichts anderes übrig, als unsere Illusionen zu durchschauen und aufzulösen, um weitergehen zu können. Wir treffen Freunde, Gleichgesinnte auf dem Weg, die uns weiterhelfen und uns unterstützen. Wir kehren von jedem Abschnitt unserer Reise verändert zurück, erleben die Wirkung unserer Verwandlung und stehen erneut am Anfang einer neuen Etappe. Wenn wir bewusst leben, erleben wir genau das, was eine ganz archaische *Heldenreise* ausmacht.

Wenn Helden reisen

Doch was sind *Heldenreisen*? Joseph Campbell, ein US-amerikanischer Mythenforscher, fand bei seinen Studien heraus, dass Heldensagen in allen Kulturen und zu allen Zeiten ein nahezu identisches Muster aufweisen, und entwickelte daraus ein Reisemodell für Helden. Diese Reise wird in vielen Märchen und Sagen erzählt, in populären Filmen, in Romanen – und häufig auch in der Wirtschaftspresse – und wurde schon vor vielen Jahren von Therapeuten wie Paul Rebillot (*Die Heldenreise. Das Abenteuer der kreativen Selbsterfahrung*) zu einer Anleitung zur Persönlichkeitsentwicklung ausgebaut.

Auch wir gehen bei der Vorbereitung unserer Seminare, und besonders bei unseren Expeditionen, vom Modell der Heldenreise aus – und zwar aus dem einfachen Grund, um die Teilnehmer darauf vorzubereiten, dass wesentlich mehr auf sie zukommen wird als ein netter Spaziergang auf einen sehr hohen Hügel, von dem sich später Fotos im Freundes- und Kollegenkreis herumzeigen lassen: Wir haben es bei unseren Expeditionen mit Managergruppen genau auf die inneren Veränderungen abgesehen, die auch wesentlicher Bestandteil der mythischen Heldenfahrten sind. Sie finden bei allen Teilnehmern statt, wobei niemand voraussagen kann, wie genau sie verlaufen werden: Der eine verschiebt seine Prioritäten ein ganz kleines Stück, der andere krempelt sein ganzes Leben um. Zumeist ist der Wunsch nach Veränderung nicht das bewusste Ausgangsmotiv der Teilnehmer – oft ist es aber das unbewusste Motiv für die gemeinsame Reise.

Heldenreise in zwölf Etappen

Nach dem Modell von Joseph Campbell durchwandert der Held auf seiner Reise zwölf Stationen, die wir hier direkt auf mögliche

Erfahrungen übertragen haben, mit denen Expeditionsteilnehmer konfrontiert werden können.

1. **Der Ruf:** Dem Helden stellt sich eine Aufgabe. So lässt sich ein Manager vielleicht von der Begeisterung eines anderen Managers anstecken, sich der Herausforderung einer Kilimandscharo-Besteigung zu stellen. Oder er ist inspiriert von einer Expeditionsreportage, recherchiert anschließend im Internet, entdeckt www.hannibal-prinzip.de und stößt auf diesem Wege zur Gruppe. Ob der Ruf von innen oder außen kommt, spielt keine Rolle. Wichtig ist, dass er gehört wird.
2. **Die Weigerung:** Der Held zögert, dem Ruf zu folgen. Es gibt so viele Gründe, nicht aufzubrechen: Der Terminkalender ist zu voll, die Partnerin möchte nicht mit den Kindern allein zu Hause bleiben, der Hausarzt rät von der Unternehmung ab, der innere Schweinhund knurrt – um nur einige Argumente zu nennen.
3. **Der Aufbruch:** Der Held macht sich doch auf die Reise. Er packt im allerletzten Moment, weil er so sehr mit seinem »operativen Geschäft« beschäftigt war oder sich einfach ablenken wollte. Seine Zweifel packt er mit ins Gepäck. Er fährt los.
4. **Erste Prüfungen:** Probleme tauchen auf, die Reise wird abenteuerlich. Das kann schon mit der Anreise losgehen: Der Zubringerflug nach Amsterdam fällt aus, mit einer rasanten Autofahrt wird das Flugzeug doch noch erreicht, die Rucksäcke gehen nicht als Handgepäck durch. Und wenn die Manager endlich am Berg stehen, müssen sie angesichts echter Hochlandtoiletten die eine oder andere Schockstarre überwinden.
5. **Übernatürliche Hilfe:** Der Held trifft unerwartet auf Mentoren. Bei einer Expedition wird diese Rolle von anderen Teilneh-

mern ausgefüllt, gelegentlich auch vom Expeditionsleiter und erstaunlich oft von Menschen vor Ort: Wenn schlecht ausgerüstete Einheimische die schweren Seesäcke der Manager auf ihren Köpfen balancieren, dabei lachen und singen, und auch in Gesprächen eine völlig andere Sicht auf die Welt zeigen, löst das bei den Expeditionsteilnehmern häufig größere Umdenkprozesse aus.

6. **Die erste Schwelle:** Schwere Prüfungen, Kampf gegen die eigenen Widerstände und Fantasien. So sehen die Dämonen heute aus, gegen die unsere Expeditionsteilnehmer zu Felde ziehen. Manchmal tauchen auch verdrängte Anteile oder Erinnerungen aus der eigenen Lebensgeschichte aus dem Nichts auf. Hier entscheidet es sich, ob es weitergeht. Wer hier weitermacht, den trägt der Mythos durch die Erfahrung und den Wandel.
7. **Noch mehr Prüfungen, noch mehr übernatürliche Hilfe:** Es regnet, die Knie spielen nicht mehr mit, die Höhenkrankheit greift um sich, Montezumas Rache schlägt zu, Essen und Tee schmecken fürchterlich, vielleicht meutern auch die einheimischen Träger. Irgendwas ist immer. Erst hier ist der *Point of no Return* erreicht! Leider können wir bis hier immer noch umkehren und wieder zurücklaufen, auch wenn das viel Kraft kostet. Wer sich hier stellt, hat die große Chance auf seinen Preis.
8. **Initiation und Transformation:** Der Held findet den Schatz. Im Mythos finden oder rauben die Helden ein Elixier, einen Schatz oder einen Ring und retten damit zum Beispiel die Welt. Heutige Manager verwandeln sich selbst durch ihr ganz persönliches Expeditionserlebnis, ausgelöst durch eine Entdeckung in der Vegetation, im Sternenhimmel, vielleicht auch durch eine Verschiebung der eigenen Sicht auf Weg und Ziel.

9. **Verweigerung der Rückkehr:** Der Held zögert, in die Welt des Alltags zurückzukehren. Oft gewöhnen sich die Expeditionsteilnehmer erstaunlich schnell an den Komfortverzicht (und an ihre Bärte), es fällt ihnen aber schwer, im Berufsalltag zu Hause wieder Tritt zu fassen. Der Kontrast zwischen dem inneren Erlebnis und der Welt außen kann sehr groß sein. Manchmal bricht an dieser Stelle ein Burnout oder eine andere psychosomatische Problematik durch, die die Rückkehr in den Alltag erschwert oder verzögert.
10. **Verlassen der Unterwelt:** Innere Beweggründe oder äußere Zwänge rufen den Helden zurück. Im Mythos stehen jetzt ein magischer Flug oder eine Flucht vor negativen Kräften auf dem Programm; im Manageralltag ist schlicht das Expeditionsprogramm zu Ende, und im Büro türmen sich die Unterschriftenmappen und ein übervoller Terminkalender.
11. **Die Rückkehr:** Der Held überschreitet die Schwelle zur Alltagswelt, aus der er ursprünglich aufgebrochen war. Die Expeditionsteilnehmer kehren verändert in ihr Unternehmen zurück, während dort alles beim Alten geblieben ist. Ihre Erkenntnisse und Erlebnisse treffen oft auf Unverständnis, manchmal sogar auf Ablehnung. Jetzt gilt es, die Kraft des auf der Reise gefundenen Schatzes (wie immer er aussieht) im Alltag wirksam werden zu lassen.
12. **Herr zweier Welten:** Der Held integriert seine Veränderung in seinen Alltag. Das kann ganz unterschiedlich aussehen: Dem einen Manager gelingt eine bessere Work-Life-Balance, der andere krempelt mittels Workshops die Kultur eines ganzen Unternehmens um, wieder ein anderer steigt ganz aus, macht sich selbstständig, orientiert sich neu. Alles ist möglich.

Hannibal ist ein historischer Held – kein Held aus einem Mythos –, und deshalb lässt sich seine Alpenüberquerung nicht bruchlos in Verbindung setzen zur hier beschriebenen Heldenreise. Dennoch können wir davon ausgehen, dass es Parallelen gibt: Er hörte einen *Ruf* und zog dann gegen Rom. Ohne Zweifel überwand er viele innere und äußere *Widerstände*, *kehrte* verändert in die Heimat *zurück* und setzte in Karthago (trotz seiner schweren Niederlage bei Zama) in seiner neuen Funktion als Magistrat zahlreiche Reformen und *Veränderungen* durch, die den wirtschaftlichen Wiederaufstieg der Stadt nach dem verlorenen Krieg beförderten.

Wir persönlich und die Unternehmen, mit denen wir zusammenarbeiten, stehen wie Hannibal immer wieder vor *ihrem Rom:*

Joachim Franz hat sich dem weltweiten Kampf gegen HIV/Aids verschrieben, wohl wissend, dass er diesen Kampf niemals gewinnen kann und dass es sich dennoch lohnt, mit ganzer Kraft zu kämpfen. Uwe Kuntz sieht sich als Vorstandsmitglied einer großen, aber regionalen Bank immer wieder konfrontiert mit sehr viel größeren, international agierenden Wettbewerbern – und führt seine Bank so, dass sie sich dennoch immer wieder im Wettbewerb um Kunden und Geschäftsfelder behauptet. Christof Kreimeyer schließlich begleitet viele Heldenreisen von einzelnen Managern und ganzen Unternehmen als Mentor. In dieser Funktion unterstützt er sie dabei, tiefgreifende interkulturelle Differenzen zu überwinden oder Konzepte für die nächste Generation von Managern zu entwickeln – auch dies Herausforderungen, die sich aufgrund ihrer Größe und Komplexität nie komplett »gewinnen« lassen.

Kurz: Wir brauchen den Helden *Hannibal*, weil er für uns prägnante Werte verkörpert. Wir beziehen uns auf die *Heldenreise*, um Ihnen eine sehr anschauliche Perspektive auf *Veränderungsprozesse* an die Hand zu geben. Und Sie, liebe Leserin und lieber Leser, kennen Ihr ganz persönliches *Rom*, gegen das Sie auf Ihrem ganz individuellen Weg zu Felde ziehen.

Berge versetzen

»Der Berg ruft« oder »Berge versetzen« – das sind Sprüche, die Sie sicherlich schon oft gehört haben. Dahinter steckt mehr Wahrheit, als auf den ersten Blick sichtbar ist. Denn Erfahrungen am Berg, Naturerfahrungen, können uns tatsächlich verändern. Letztendlich versetzen wir also keine Berge, sondern die Berge versetzen uns – in ein anderes Selbst.

Diesen Zusammenhang hat der US-amerikanische Schriftsteller und Philosoph Henry David Thoreau (1817–1862) bereits vor über 150 Jahren formuliert, als er sich in eine Blockhütte zurückzog, um ein ganz einfaches und naturnahes Leben zu führen. Die heutige Profession der *Erlebnispädagogik* beruft sich häufig auf sein Motto *The Mountain Speaks For Itself* (»Der Berg spricht für sich selbst«). Thoreau hat die Natur mit ihren echten, ernsten, unmittelbaren Sachzwängen am eigenen Leibe erlebt und erfahren, was es heißt, von der Natur die Folgen des eigenen Handelns zu lernen – und das eigene Verhalten auf Grundlage dieser Erfahrungen zu verändern.

Neben Thoreau gilt der deutsche Pädagoge Kurt Hahn (1886–1974) als Begründer der Erlebnispädagogik. Hahn ging es darum, insbesondere Jugendliche durch das eigene Erleben zur eigenen, echten Leidenschaft zu führen. Bei unseren Expeditionen beziehen wir uns auch auf diese beiden Väter der Erlebnispädagogik, in erster Linie aber auf unsere eigenen (Grenz-)Erfahrungen in der und mit der Natur und unseren eigenen Kräften.

Wir nennen unser Vorgehen *Reduktion* – und tatsächlich ist es das, was wir tun. Wir holen die Teilnehmer aus ihrer durchorganisierten, technisierten, mediatisierten, stressigen und doch höchst komfortablen Welt und bringen sie mitten in die Natur: in die Kälte, in den Regen, in die Nacht. Hier sind sie plötzlich physischen und psychischen Belastungen ausgesetzt, die sie an eine Grenze bringen. An eine

Grenze, an der sie alles infrage stellen: das Seminar, sich selbst, ihre Zwänge, ihre Besitztümer, ihre Rolle im Leben. Das ist die Grenze, an der sie ihren inneren Ballast schließlich loslassen und sich öffnen können für neue Erfahrungen – und an der Veränderungen möglich werden.

Dabei müssen wir zwei Herangehensweisen verdeutlichen: Während sich die Teilnehmer der Expeditionen freiwillig zusammenfinden, erfolgen Teamtrainings wie zum Beispiel das am Brocken oder in Verdun auf Entscheidung der obersten Führungskräfte. Dies führt bei den Teilnehmern zu unterschiedlichen Reaktionen: Wer freiwillig mitgeht, sieht sich anschließend vor allem mit den eigenen Widerständen und mit dem Team konfrontiert; wer mitgehen »muss«, setzt sich während der Tour zusätzlich intensiv mit den (Macht-)Strukturen des Unternehmens auseinander.

Weil wir hier und heute mit ganz normalen Führungskräften unterwegs sind und vergleichsweise wenig zu tun haben mit übernatürlichen Helfern, Elixieren, magischen Flügen und Drachen, durchleben die Teilnehmer in der Regel nicht die zwölf Stationen der Heldenreise, wie sie Campbell beschrieben hat. Aber sie erfahren einen ganz ähnlichen Prozess, den wir in diesem Buch in vier Etappen darstellen:

- Aufbruch: Marsch des Schweigens
- Prüfung: Aufkeimender Widerstand
- Transformation: Scheitern und weitergehen
- Rückkehr: Mut zur Veränderung

Aufbruch: Marsch des Schweigens

Es passiert am Anfang jeder Expedition, und ich, Joachim Franz, kenne diese Augenblicke nur zu gut: Nachdem sich die erste, aufgeregte Beredsamkeit gelegt hat, verfällt das Expeditionsteam in Schweigen. Es wird still. Es bleiben nur Schritte und Atemzüge. Es ist der Moment, in dem man zwischen Glück und Infragestellen schwebt und beginnt, sich selbst zu begreifen.

Keine Expedition, der dieser Moment fehlt. Schon hier keimt, was viele Hundert oder Tausend Meter höher ausschlaggebend sein wird: Nicht die Frage »Bin ich stark genug?« wird entscheiden, wie weit ich komme und was ich von der Expedition mitnehmen werde, sondern lediglich die Frage: »Warum bin ich wirklich hier?« Bei nicht wenigen Teilnehmern taucht diese Frage erst nach langer Wanderung auf – und die Antwort darauf erst nach ihrer Rückkehr.

Hannibal-Expedition am Kilimandscharo

Die von uns ausgewählte Route verläuft anders als der Hauptweg auf den Gipfel, der von den meisten Touristen genutzt wird und spöttisch »Coca-Cola-Route« genannt wird – hier ist kein großes bergsteigerisches Können notwendig. Ziel ist es, schnell und einfach den Gipfel zu erreichen.

Unsere Route ist im Wortsinn steiniger und ambitionierter, sie versinnbildlicht die Intention, die mit unserem Weg zum Gipfel verbunden war – nicht schneller Anstieg und erfolgreicher Gipfelsturm, sondern eine intensive Auseinandersetzung mit der Natur, mit dem Team und mit sich selbst.

Überblick Route

Tag 1: Anreise über Amsterdam zum Kilimanjaro Airport
Tag 2: Aufstieg zum Machame Camp (3100 m)
Tag 3: Aufstieg zum Shira Camp (3840 m)
Tag 4: Barranco-Tal (3950 m)

Tag 5: Karangatal (4000 m)
Tag 6: Barafu Camp (4600 m)
Tag 7: Stella Point (5745 m)
Tag 8: Mweka Gate (1800 m)

Tag 1: Anreise Wir treffen aus allen Himmelsrichtungen am Flughafen Amsterdam ein, um gemeinsam zum Kilimanjaro Airport zu fliegen. Die Stimmung ist glänzend und die Neugierde groß auf das, was kommt.

Usa River bei Arusha, Tansania. Es ist später Abend, als wir die Meru View Lodge erreichen, in der wir nur eine Nacht verbringen werden. Warum nur eine Nacht? Ich, Joachim Franz, lasse den Teilnehmern vor dem Start der Expedition ungern Zeit für Gedankenausflüge – hier kann es zu ungeahnten *Weigerungen* (die zweite Station der *Heldenreise*) kommen, die viel Energie rauben. Ab dem Zusammentreffen müssen die Etappen der Expedition wie an einer Perlenschnur ablaufen, das garantiert für alle eine Gedanken- und Gefühlswelt mit einem hohen Grad an Gemeinsamkeit. Noch bin ich der Leiter dieser Expedition, oder besser: der Hüter des reibungslosen Ablaufes. Später wird sich eine Eigendynamik entwickeln, der ich den notwendigen Raum geben muss.

Tag 2: Aufstieg zum Machame Camp (3100 m) Frühstück und Einweisungsgespräch für die bevorstehende Kilimandscharo-Besteigung. Packen, Transfer zum Machame Gate. Unser Weg führt uns durch dichte Kaffee- und Bananenplantagen bis auf 1828 Höhenmeter.

Hier stellt sich das Träger- und Führerteam vor, wir kommen uns klein vor mit unseren Tagesrucksäcken, als wir die spärlich ausgerüsteten Träger sehen, auf deren Köpfen sich unsere *Hannibal-Prinzip*-Seesäcke kurze Zeit später befinden. Wir steigen in einen ersten Denkprozess ein und verschaffen uns Erleichterung, indem wir uns gegenseitig darin bestätigen, dass ja ganze Familien von unseren gezahlten Trägergeldern leben.

Der Schritt durch das große Tor, ein Tor mit Symbolkraft. Das Team wird still. Der Schweiß läuft uns in Strömen über Gesicht und Rücken, als wir durch den dichten, tropischen Regenwald wandern. Das satte Grün der Farne verschwindet mit zunehmender Höhe, es tauchen immer mehr märchenwaldartige, moosbewachsene Bäume auf, die schließlich Heidekrautgewächsen Platz machen.

Sechs Stunden lang schweigen wir und wandern, wandern und schweigen. In diesen sechs Stunden überwinden wir 1200 Höhenmeter und kommen schließlich im Machame Camp an, auf 3100 Metern über dem Meeresspiegel.

Wir müssen nicht nach Afrika fahren, um Expeditionen nach dem Hannibal-Prinzip anzubieten. Im Gegenteil: Solche Expeditionen können überall dort gelingen, wo es den Teilnehmern möglich ist, starke Grenzerfahrungen zu erleben. Fehlt die Höhe, hilft die Nacht.

Als Beispiel dazu ein *Hannibal-Prinzip*-Seminar, das wir mit der Landesbank Saar (Saar LB) durchgeführt haben. Die Saar LB hatte es sich zum Ziel gesetzt, die Beziehungen zwischen deutschen und französischen Mitarbeitern und Kunden zu verbessern und zu intensivieren. Dazu wurden Core Player des Unternehmens aus verschiedenen Hierarchien gezielt ausgesucht, um die eigenen Unternehmenswerte zu analysieren und neue Leitlinien für ein deutsch-französisches Verständnis innerhalb und außerhalb des Unternehmens zu schaffen.

Die Konzeption dieses Expeditionsseminars mag Ihnen gewagt vorkommen – und das ist sie auch. Doch der Erfolg gibt ihr Recht.

Die Aktion beginnt im Gebäude der Bank, auf deutschem Boden. Ziel der Expedition ist ein Hotel in der Nähe von Verdun – die kleine Stadt im französischen Lothringen, in deren Nähe sich eine der blutigsten Schlachten des Ersten Weltkriegs abgespielt hatte.

Ein Dutzend Mitarbeiter der Saar LB nehmen an diesem Seminar teil – ein Drittel Franzosen, zwei Drittel Deutsche. Nach einer kurzen, für einige offenbar irritierend kurzen Intro-Phase konfrontieren wir die Teilnehmer mit einer Geschichtsstunde. Wir wagen es, einen Text zum *Deutsch-Französischen Krieg 1870/71* vorzulesen. Sowohl Napoleon III. als auch Bismarck verlieren in dieser Lesung jeglichen Heldenanstrich, der Kriegsausbruch stellt sich als ausgesprochene Dummheit dar. Hieran entbrennen die Fragen: Sind unsere Helden wirklich Helden? Was haben sie wirklich geleistet? Was wissen wir überhaupt über sie?

Auf der Kriegsgräberstätte in Verdun

Dann geht es los: Alle Seminarteilnehmer besitzen die gleiche Grundausrüstung: Jacke, wasserdichte Wanderschuhe, Rucksack, Karte und Trinkflasche. Alle ahnen, dass die Tour nicht einfach wird: ein Schweigemarsch nach Verdun. Es sollen 20 Kilometer sein, es regnet, es ist kalt und dunkel.

Die Teilnehmer haben die Aufgabe, mithilfe der Karte ihren Weg selbst zu finden. Man muss genau schauen, das ist richtig, aber eigentlich kann man sich nicht verlaufen – eigentlich ... Ich, Joachim Franz, bin zwar dabei, führe das Team aber nicht an. »Ihr seid die Helden der Nacht«, sage ich. »Ich kenne den Weg nicht! Wenn ihr euch beraten wollt, dann dürft ihr reden, sonst nicht. Eure Aufgabe: Definiert in den kommenden Stunden fünf Werte, die für euch persönlich wichtig sind!« In der Nacht vor Verdun müssen die Teilnehmer sich ihren eigenen Weg bahnen – in mehrfacher Hinsicht.

Die Konfrontation mit historisch oder mythologisch aufgeladenen Orten, mit Kälte und Dunkelheit kann eine Menge Energie bei den Teilnehmern freisetzen: Der Verstand wird umschifft, das authentische Erleben geht direkt unter die Haut. Dieser Effekt wird von uns gezielt eingesetzt – und leider nicht nur von uns.

Sie wissen sicherlich, dass nächtliche Veranstaltungen mit Fackeln und Flak-Scheinwerfern, Zeltlagern und Übernachtungen unter freiem Himmel auch zum Repertoire nationalsozialistischer Erziehung gehörten. Das ist uns bewusst, doch unserer Einschätzung nach diskreditiert der Rückgriff darauf durch ein verbrecherisches Regime die Methoden der Erlebnispädagogik nicht. Vor allem dann nicht, wenn wir den Ansatz, aber auch die möglichen *Risiken und Nebenwirkungen* des Hannibal-Prinzips (etwa: Gefühle der Überforderung oder Angst vor Manipulation) offenlegen und reflektieren – und damit den kritischen Verstand der Seminarteilnehmer in den Prozess zurückholen.

Ein Hannibal-Seminar erfordert immer Mut. Nicht nur den Mut der Teilnehmer, sondern vor allem auch den Mut der Auftraggeber. Mutig und visionär – so haben wir Jürgen Raber erlebt, Vorsitzender des Vorstands des mittelständischen Bauunternehmens OBG AG mit Sitz in Ottweiler. Der regionale Marktführer vereint zahlreiche selbstständige, spezialisierte Unternehmen unter einem Dach, beschäftigt rund 500 Mitarbeiter und war auf der Suche nach einer »Vision 2020« für das gesamte Unternehmen. Diese Vision sollte während eines »Expertengipfels« entwickelt werden – und zwar auf dem Brocken im Harz, mit 1141 Höhenmetern der höchste Berg im Norden Deutschlands.

Hannibal-Expertengipfel auf dem Brocken

An einem Sonntagabend treffen sich die Führungsnachwuchskräfte der OBG AG am Rand des Harzes. Nach einer Begrüßung und einem einfachen Essen werden die Teilnehmer zu ihrem *Expertengipfel* abgeholt. Sie wissen im Grunde nicht, was sie erwartet. Das ist Absicht: eine tiefgreifende Erfahrung, ein überdurchschnittlicher Output bedürfen keiner gedanklichen Vorbereitung. Im Anschluss an die Einführung folgt ein Impulsvortrag, danach gilt ein Schweigeabkommen.

Die Teilnehmer haben jeweils eine Stirnlampe bekommen, ein Notizbuch, einen Bleistift und die Aufgabe, in den kommenden dreieinhalb Stunden Aufstieg jeweils mindestens fünf Visionen für die OBG AG zu entwerfen: Mit welchen Fragen, welchen Produkten, welchen Problemen wird sich das Unternehmen im Jahr 2020 beschäftigen? Die Kopfleuchten sollen nur eingeschaltet werden, wenn die Teilnehmer einen Gedanken notieren wollen – wenn ihnen ein Licht aufgeht.

Gemeinsam – schweigend – wandern wir in die dunkle Nacht

Aufstieg zum Brocken

des Nationalparks Hochharz, der in diesen Tagen des März mit moderaten Temperaturen und dem ersten Grün an den Bäumen zur Nachtwanderung fast einlädt.

Während der ganzen ersten Stunde passiert nichts. Der Impuls des Vortrages, die Dunkelheit oder das Schweigen erfüllen ihre Pflicht. Hier wirkt die Disziplin, sich an das Verabredete zu halten, gewinnbringend, aber auch der Mut, sich auf diese Erfahrung einzulassen.

Gehen gibt Ruhe

Das Hannibal-Prinzip klingt im ersten Augenblick kriegerisch, vielleicht sogar soldatenmäßig – und holt damit diejenigen Manager ab, die ihren Alltag im Job als Kampf erleben. Die tatsächliche Praxis des Hannibal-Prinzips sieht dann aber anders aus: Hier geht es nicht nur um Strategie und Taktik im Unternehmen, sondern auch um einen Weg nach innen.

In der ersten Phase der Hannibal-Expeditionen kommen wir sogar in die Nähe dessen, was in der christlichen, aber auch in der fernöstlichen Kultur vor allem einen festen Platz hat: die sogenannte Geh-Meditation, im Zen-Buddhismus auch *Kinhin* genannt. (Wenn Sie sich mit diesem Thema weiter beschäftigen möchten, sei Ihnen das Buch *Geh-Meditation* empfohlen, das Anh-Huong Nguyen geschrieben hat, eine Schülerin von Thich Nhat Hanh. Der aus Vietnam stammende und in Frankreich lebende Thich Nhat Hanh ist der bekannteste Vertreter dieser Meditationsform im Westen.)

Jede Expedition beginnt mit einer Art Geh-Meditation, ohne dass dies vorher abgesprochen wäre. Die Teilnehmer formieren sich zu einem Gänsemarsch. Ich, Joachim Franz, sage mit Absicht keinen Ton mehr, weil ich Denkprozesse entstehen lassen will. Wenn mich jemand anspricht, entgegne ich: »Jetzt nicht!« So wird es ruhig. In diesem Schweigen liegt die Chance. Ich rede nicht, ich laufe in die Stille hinein. Alles, was hektisch und laut ist, lasse ich hinter mir.

In der Stille entsteht das Neue

Die Teilnehmer, die mit Ausdauersportarten und mit Wanderungen keine oder nur wenig Erfahrung haben, können in diesem Augenblick so etwas wie Entsetzen spüren: Schlagartig wird ihnen klar, wie fremdgesteuert sie in ihrem Alltag oft sind. Gleichzeitig fühlen sie sich als Teilnehmer in einem für sie völlig fremden Setting wie wehrlos und ausgeliefert. Sie fürchten sich vor der Stille.

Marco von Münchhausen erklärt in seinem Buch *Wo die Seele*

auftankt, warum das so ist: »Mit der Stille ist es wie mit dem Anzapfen eines Bierfasses. Erst kommt nur Schaum, dann das Bier.« Im Alltag stehen wir oft so unter Druck, dass dann, wenn wir innehalten und in die Stille gehen, wie bei einem geschüttelten Bierfass unser inneres Chaos wie Schaum herauszischt. Da bleibt uns laut Münchhausen nicht viel mehr übrig, als das Chaos einfach herauszischen zu lassen und auf das »reine Gebräu« zu warten.

Äußere Stille

Wir kommen aus einer lauten Welt. Deshalb müssen wir mit unseren Expeditionen die Menschen dahin bringen, wo es leise ist. Unsere innere Stimme können wir nur hören, wenn wir uns dem Lärm der Städte, der Unternehmen (Meetings, Telefonate, High-Tech-Geräusche) und der Wohnungen (Radio, Haushaltsgeräte) entziehen. Und wenn wir endlich einmal aufhören, pausenlos zu reden.

Im Schweigen kippt bei vielen Teilnehmern etwas: eine Ritterburg aus Sand. Wenn das Bollwerk nicht mehr steht, kann aus Schweigen eine völlig andere Art der Kommunikation entstehen: sehr persönliche Gespräche, nicht nur über Job, sondern auch über Ehe und Familie. Die Offenheit geht dann über in Vertrauen – wobei jeder sich auf seine eigene Weise preisgibt.

In einigen Fällen findet die Schweige-Phase übrigens schon vor der Expedition statt. So berichtete ein Teilnehmer, dass er sich mit stundenlangen Tagesmärschen auf die Strapazen der Kilimandscharo-Besteigung vorbereitet hat – und dass es diese Märsche waren, die ihn am meisten zum Nachdenken angeregt, zu einer sehr persönlichen Auseinandersetzung mit dem Thema Trauer ermutigt und zum Abschluss eines Trainingsmarsches sogar häufig auf den Friedhof, zu den Gräbern der verstorbenen Mitglieder seiner engsten Familie, geführt hatten.

Innere Stille

Wenn in der äußeren Welt Stille eingekehrt ist, wenn wir es fertiggebracht haben, endlich »unseren Mund zu halten«, und so weit kommen, das wir auch unsere inneren Monologe stoppen können, dann stehen wir vor einer großen Entdeckung: Es gibt so etwas wie eine innere Stille.

In dieser Verfassung denken wir nicht mehr. Damit lüften wir endlich den Vorhang unserer Vorstellungen, Zuschreibungen, Sorgen und Träume – und kommen im Hier und Jetzt an. Wir sehen, was ist, ohne es benennen zu wollen. »Schweigen ist der spirituelle Weg schlechthin«, sagt denn auch Benediktinerpater Anselm Grün, der einige spirituelle Bücher geschrieben hat (zum Beispiel *Das kleine Buch vom wahren Glück*).

Falls Sie nun mit gerunzelter Stirn vor diesem Buch sitzen und sich fragen, was dies nun alles mit Management zu tun hat, möchten wir Sie beruhigen: Solche Erfahrungen passieren einfach, wenn Sie sich auf eine Expedition nach dem Hannibal-Prinzip einlassen – auch wenn Sie absolut keinen Sinn für Spiritualität und noch nie im Leben meditiert haben. Das zeigen die Stimmen zweier Teilnehmer, die an der Kilimandscharo-Expedition teilgenommen haben:

> »Am meisten hat mich beeindruckt, dass ich beim Aufstieg an gar nichts gedacht habe, nur Schritt für Schritt meinen Weg gegangen bin; diese absolute Leere bei körperlicher Anstrengung; der Himmel über Afrika, das Teamerlebnis und die karge Natur.«

> »Jetzt, nach der Expedition, fühle ich mich so leer. Aber es ist nicht unangenehm!«

Die Leere ist der Raum, den wir der Fülle des Lebens geben können. Das hat der chinesische Philosoph Lao-Tse (6. Jahrhundert v. Chr.) folgendermaßen auf den Punkt gebracht:

»Dreißig Speichen treffen die Nabe,
aber das Leere zwischen ihnen erwirkt das Wesen des Rades;
aus Ton entstehen Töpfe,
aber das Leere in ihnen wirkt das Wesen des Topfes;
Mauern mit Fenstern und Türen bilden ein Haus,
aber das Leere in ihnen erwirkt das Wesen des Hauses.

Das Stoffliche birgt Nutzbarkeit.
Das Unstoffliche wirkt Wesenheit.«

Lao-Tse

Für Sie als Managerin oder Manager, als Mitarbeiterin oder Mitarbeiter heißt das: Nicht immer der operativen Hektik folgen, nicht immer vom vollen Terminkalender als Bestätigung der eigenen Leistungsfähigkeit überrumpeln lassen. Nicht die Menge, die Schnelligkeit der verschiedenen Handlungen, Arbeiten und Ereignisse ergibt ein sinnvolles und befriedigendes Ergebnis. Dies alles sind Attribute, mit denen sich falsche Helden schmücken.

Es ist sinnvoll, immer wieder innezuhalten, den eigenen Standpunkt zu überprüfen – und was läge nicht näher, als dies bei einer stillen Wanderung zu realisieren. In der Stille ist man gezwungen, sich mit sich selbst auseinanderzusetzen. Genau das eröffnet die Chancen, auch einmal die eigene Zufriedenheit wahrzunehmen – und mehr noch: Stolz zu empfinden auf das, was man selbst erreicht hat, aber auch auf das, was andere erreicht haben.

Fragen zum Selbstcoaching

Denken Sie einmal an Ihre eigenen Erfahrungen mit dem Schweigen. Vielleicht ist Ihnen die Wucht der Stille schon einmal im Urlaub begegnet, vielleicht beim Segeln auf dem Meer oder in den menschenleeren Landschaften Skandinaviens? Oder in einer Kirche?

- **Was hat diese Stille bei Ihnen ausgelöst?**
- **Konnten Sie aus dieser Erfahrung etwas für Ihr Leben mitnehmen?**
- **Empfinden Sie eine Sehnsucht nach Stille – oder zumindest nach Ruhe?**
- **Wo und wie könnten Sie diese für sich finden?**

Prüfung: Aufkeimender Widerstand

Vielleicht kennen Sie die Situation von Urlauben mit Ihrer Familie oder auch von Projekten in Ihrem Unternehmen: Zuerst brechen alle begeistert auf, dann kippt plötzlich die Stimmung, alle Beteiligten gehen aufeinander los und hacken aufeinander herum, fallen über den Projektleiter her oder raufen sich die Haare angesichts der ach so schwierigen Rahmenbedingungen. Das ist anstrengend – und doch ist es eine ganz normale Phase jeder Heldenreise.

Tag 3: Aufstieg zum Shira Camp (3840 m) »Wir schlafen ja echt in Zelten, das war mir nicht wirklich klar!«, das war sicherlich einer der merkwürdigsten Sätze der Kilimandscharo-Expedition. Manchmal kommt die Erkenntnis, was Komfortverzicht wirklich bedeutet, eben erst bei Einbruch der ersten Nacht.

Heute wandern wir gute sechs Stunden zum Shira Camp. Dieser Berg ist *alles*: Heiligkeit, Vegetationswunder, Aussichtsturm und Psychoanalyse-Couch. Auf dem ersten Teil des Weges verlassen wir die Heidezone, die in eine offene Moorlandschaft übergeht. Am Morgen hängen Nebelfetzen gespenstisch in den vielgestaltigen Heidegewächsen. Aber haben alle ein Auge für diese Wunder der Natur?

Wir bewegen uns auf einer Höhe von 3100 bis 3800 Metern und gestern, nein, vorgestern waren wir noch so gut wie in unseren Büros. Aus der einen Welt herausgerissen, in die andere hineingeworfen. Kein Handy, keine E-Mails, keine Kaffeemaschine, kein Sekretariat, das erinnert, wo man hinmuss, was man nicht vergessen darf. Dann drücken die Schuhe. Der Zustand der sanitären Anlagen ist erbärmlich, die von den Trägern zubereiteten Mahlzeiten gewöhnungsbedürftig. Schwindelgefühle. Taubheit in den Händen. »Schaffe ich das? Und wenn ja: Warum sollte ich es schaffen? Wozu soll das gut sein?« – diese Fragen gehen den Teilnehmern durch den Kopf. »Harter Boden und Kälte in der Nacht, und das teuer bezahlt, wo steckt da der Sinn?« Die Top-Führungskräfte unter den Teilnehmern müssen sich mit der neuen Situation befassen, dass sie es nun sind, die sich anpassen, Rücksicht nehmen, sich unterordnen müssen. »Wann hört das hier wieder auf!?«

Es ist der Tag der Widerstände, der Aggressionen, mal nach innen, mal nach außen, mal gegen sich, mal gegen die Welt, mal gegen »das«: »das«, was aus einem geworden ist. Die Ruhe kehrt in gejagte Körper ein, das tut weh, also muss der Genuss bei den meisten noch warten. Der Erfolgsdruck ist noch nicht gewichen, wie auch, wir sind doch erst ein paar Stunden in der anderen Welt. »Ich muss auf diesen Berg!« Keine Sekunde ohne Veränderung, der alte Held geht, der neue Held sucht nach neuen Denkmustern, erfühlt neue Dimensionen der Emotion.

Wer eigens nach Tansania geflogen ist, um den höchsten Berg Afrikas zu besteigen, der fühlt sich in seiner Widerstandsphase wahrscheinlich wie in einer Rakete nach dem Start. »Halt! Ich möchte doch lieber aussteigen!« ist nicht wirklich eine Option. In der Folge richtet sich die aufkommende Aggression vor allem gegen sich selbst: »Warum habe ich mich überhaupt auf diesen Irrsinn eingelassen?«

Anders sieht es aus, wenn ein Team aus einem Unternehmen ausgewählt und zu einer Hannibal-Expedition »geschickt« wird. Einerseits fühlen sich die Teilnehmer in einem solchen Fall geehrt, dabei sein zu dürfen, andererseits richtet sich ihr aufflammender Widerstand ganz klar auf ihr Unternehmen oder auf ihren konkreten Chef, der ihnen diese Zumutungen aufgehalst hat.

Hannibal-Schweigemarsch nach Verdun

In der Nacht vor Verdun: Es wird empfindlich kalt, es regnet Bindfäden. Ein Bus hat die Teilnehmer aus dem sicheren Bankgebäude in die Dunkelheit entführt. Jetzt irren 14 Menschen durch die dunkle lothringische Nacht. Die Feuchtigkeit kriecht ihnen durch die Outdoor-Klamotten. Sie stapfen schweigend über die alten Schlachtfelder, die Beine beginnen zu schmerzen, an den riesigen Soldatenfriedhöfen vorbei. Dann biegen sie falsch ab.

In den Köpfen der Teilnehmer rumoren die Sinnfragen: »Was mache ich hier eigentlich? Warum bin ich nicht gemütlich zu Hause? Warum liegen hier so viele gefallene Soldaten? Für was haben sie eigentlich ihr Leben gegeben? Für was gebe ich mein eigenes Leben? Welchen Wert hat meine Arbeit in der Bank? Welche Werte sind mir wichtig?«

Fragen über Fragen. Die Teilnehmer des Expertengipfels am Brocken sahen sich einer ähnlichen Situation ausgesetzt: Auch sie stapften durch Nacht und Nebel mit der Aufgabe, sich mit Werten zu befassen.

Hannibal-Expertengipfel auf dem Brocken

Nach der 800-Höhenmeter-Marke wechselt der Brocken, die höchste Erhebung des Harzes, sein Gesicht. Aus dem zarten Grün und dem vermeintlich beginnenden Frühling wird erst zögerlich, aber dann mit enormer Kraft des Windes eine eisige Polarnacht. Wenn Sie je auf den Brocken gestiegen sind, wissen Sie, wie erbarmungslos das Klima hier oben sein kann.

Nun sind die Teilnehmer aus ihrem Alltag gerissen, die Welt hat sich vor ihren Augen verändert. Wir führen nicht diesen Weg auf den Brockengipfel, wir leiten, lassen die Teilnehmer sprachlos.

Das Setting wirkt: Nach einer Stunde, in der die Teilnehmer vor allem grübelten, sich über die seltsame Aktion wunderten, werden die Köpfe frei. Die Lichter der Kopfleuchten blinken immer wieder auf. Etliche Teilnehmer bringen nicht fünf Visionen zu Papier, sondern zehn oder noch mehr.

Es ist Mitternacht, der Wind ist zum Sturm geworden und Teilnehmer für Teilnehmer erreicht den rettenden Brockenturm. Die

Gesichter glühen, der Nebel hat sich in kleinste Eiskristalle verwandelt und die Frisuren der Teilnehmer in Kollaboration mit den Sturmböen zu weißen Haarskulpturen gefroren. Es ist dunkel, es wartet keine Bar und kein Restaurant. Es gibt einen kleinen Schluck »Brockenhexen Flugbenzin«, der Gipfel ist geschafft. 15 Teilnehmer – und über 100 Ideen, Fragen und Visionen. Der Weg ins warme Bett reicht jedem fürs Erste – das Denken über den Köpfen der anderen aber hat begonnen!

Wie kommt es überhaupt zu den beschriebenen Aggressionen? Warum gehen wir in den Widerstand? Dazu gibt es mehrere Erklärungsmodelle:

Die Expedition wirkt

Es ist naheliegend, dass die Teilnehmer einer Expedition auf den höchsten Berg Afrikas oder eines Seminarteams, die gemeinsam durch die finstere Nacht irren, unter psychischer und physischer Anspannung stehen. Die Folge: Es wird Adrenalin ausgeschüttet. Je nach Naturell neigen Teilnehmer dazu, den damit einhergehenden körperlichen Erregungszustand nicht mit der sportlichen Herausforderung zu verknüpfen, sondern auf andere Faktoren zu beziehen wie etwa auf die äußeren Rahmenbedingungen. Naturgemäß bieten Expeditionen in die Wildnis den Teilnehmern besonders viele Möglichkeiten, sich aufzuregen.

Sie denken also nicht: »Ich bin gerade total aufgeregt, weil ich den höchsten Berg Afrikas besteige«, sondern zum Beispiel: »Das Zelt riecht unerträglich!«, »Wie soll ich auf diesem steinigen Boden schlafen!?« oder: »Warum kramt Manager X so absolut nervtötend in seinen Taschen herum?«

Unser Hirn mag Veränderungen nicht

Unser Gehirn ist die zentrale Schaltstelle. Alles, was wir kennen und können, ist hier in komplexen neuronalen Mustern abgebildet. Jedes neuronale Muster produziert auch die ihm zugehörigen biochemischen Prozesse im Körper.

Besonders gewohnte Handlungen und Erlebnisse machen einen großen Teil des uns bekannten hormonellen Normalzustandes aus, ungeachtet dessen, ob sie förderlich sind oder uns eher hemmen. Deswegen mögen wir das, was wir kennen – und meiden häufig das, was wir nicht kennen. Denn ähnlich wie bei einer Sucht erleben wir im Falle einer Veränderung eine Art Entzug: Neue Erfahrungen erzeugen neue neuronale Muster, andere biochemische Zustände, andere Gefühle. Die wollen wir häufig aber gar nicht – und versuchen deshalb, den uns als normal bekannten und vertrauten Erlebniszustand wiederherzustellen.

Erst wenn die veränderte Lebens- und Erlebenssituation länger andauert oder sich wiederholt, bilden sich stabilere Vernetzungen im Hirn aus und können so auch andere chemische Prozesse etablieren – die wir dann wieder als Normalzustand erleben.

Wir brauchen beides: einerseits die Veränderung, um lebendig zu bleiben, und gleichzeitig sind wir angewiesen auf Bekanntes, Wiederholungen, Stabilität. Beides steht in einem ständigen Spannungsfeld, dem wir nicht entkommen können, das wir oft anstrengend finden und das uns doch im Grunde guttut.

Hinter der Aggression lauert die Angst

Erfolgreiche Führungskräfte sind der Tendenz nach eher mutige Menschen, die Veränderungen anstoßen und Phasen der Unsicherheit gut ertragen können. Dennoch sind auch solche Manager nicht frei von Angst – was ihnen allerdings oft selbst nicht so klar ist.

Ihre Angst nämlich äußert sich nicht darin, dass sie sich wie der Kinderbuchheld *Ritter Rost* in ihrer Burg verschanzen und die Decke über den Kopf ziehen. Auf der Top-Führungsebene zeigt sich Angst in anderen Formen. »Sie kann sich zum Beispiel in ruppiger Zurückweisung äußern, in endlosen Diskussionen, die zu keinem greifbaren Ergebnis führen, in mehr oder weniger (meist weniger) kunstvoll gesponnenen Intrigen und Attacken aus dem Hinterhalt, in jovialen Belehrungen, offenen und verdeckten Drohungen, und manchem anderen mehr«, weiß Unternehmensberater Winfried Berner aus Mitterfels. Seiner Einschätzung nach kann es auch zu hektischer Betriebsamkeit kommen (am Berg: in der Tasche kramen), aber auch zu gegenteiligen Reaktionen, »die sich in der Nähe des Totstellreflexes bewegen«: Schweigen, Rückzug aus dem Team, unerreichbar und unberechenbar sein.

Warum? Angst wird oft ausgelöst, wenn wir fürchten, unser Gesicht zu verlieren – die Wertschätzung der anderen, aber auch unser eigenes Selbstbewusstsein. Am Kilimandscharo brachte das ein Teilnehmer so auf den Punkt:

> »Was sagen die anderen? Kann ich weniger als andere? Wenn ich meine Grenzen erfahre und akzeptiere: Bin ich danach weniger wert? Wer will Verlierer sein?«

Angst vor dem Scheitern

Unsere Gesellschaft akzeptiert keine Angst, und sie akzeptiert kein Scheitern. Niemand darf scheitern, besonders nicht der *erfolgreiche Manager* (ein moderner Heldenmythos). Wir haben verlernt, dass im Scheitern eine große Macht liegt. Dabei weitet gerade das Scheitern den Blick. Was uns persönlich am weitesten vorangebracht hat, war das Scheitern.

Beispielsweise hatte ich, Joachim Franz, unmittelbar vor einem Triathlon einen so schweren Unfall, dass ich nie wieder an einem solchen Wettkampf teilnehmen konnte. Das brachte mich zwar davon ab, zu einem »ganz normalen« Triathleten zu werden. Stattdessen suchte ich (nach kurzer Trauerphase) gezwungenermaßen nach anderen, größeren Zielen.

Auch ich, Uwe Kuntz, bin in meiner beruflichen Laufbahn nicht immer über den direkten Weg zu meinen Zielen gelangt. Schon früh wollte ich als Mitarbeiter einer Bank Führungsverantwortung übernehmen. Nicht wegen des damit verbundenen Status und des Ansehens; nein, weil mir der unmittelbare Umgang mit Menschen, die Führungsarbeit und vor allem die Weiterentwicklung eines Teams, eines Mitarbeiters sehr viel gibt. Meine heutigen Aufgaben und Funktion lagen am Anfang meiner beruflichen Karriere völlig außer Reichweite und waren auch gar nicht mein Ziel. Ich wollte nur einfach gute Führungsarbeit mit meinen Teams leisten.

Viele Etappen, auch Umwege waren notwendig, um meine heutige Funktion zu erreichen. Und natürlich gab es auch Niederlagen und Misserfolge. Aber gerade aus den Niederlagen habe ich gelernt, mich besser einzustellen auf die Erfolge und auf Misserfolge. Das war es, was mich auf den richtigen Weg gebracht hat und mich heute jeden Tag mit viel Freude und Neugier meinen Beruf ausüben lässt. Nun bin ich seit über elf Jahren im Vorstand einer größeren Sparkasse für die gemeinsame Weiterentwicklung unserer unternehmerischen Ziele verantwortlich, und (fast) jeder Arbeitstag ist für mich mit einer großen Befriedigung verbunden; auch weil ich weiß, wie dicht Sieg und Niederlage beieinanderliegen und man sich persönlich für Status und Statussymbole nichts kaufen kann. Letztlich besitzen wir als Manager nur eine zeitlich befristete Macht – dies sollten wir immer im Hinterkopf bewahren und unsere Zeit möglichst sinnvoll nutzen.

Der Kilimandscharo lässt mehrere Ebenen des Mutes zu – und mehrere Varianten des Scheiterns. Denn auf unserer Route verläuft der Aufstieg über einen anderen Weg als der Abstieg. Die Überschreitung der Passhöhe erfolgt unterhalb des Gipfels. Wer auf den Gipfel will, muss über einen separaten Weg zusätzlich aufsteigen. Wer ist so mutig zu erkennen, dass ihm die Unterschreitung reicht?

Tag 3: Shira Camp (3840 m) Das Camp, unser Ziel, befindet sich auf dem Shira-Plateau. Nun ist Ruhe eingekehrt, der eine oder andere sitzt noch auf einem Stück Felsen und genießt einen grandiosen Blick auf Kibo und Shira. Auf der anderen Seite ragt die Spitze des 4566 Meter hohen Mount Meru in den Himmel.

Es ist Ruhe um uns eingekehrt, der wärmende Schlafsack wird schon jetzt als wunderbarer Komfort begriffen. Es herrscht Stille, Totenstille, und bei weitem nicht jeder von uns kann damit umgehen. Zu Hause geblieben sind Familie, Probleme, Sorgen und jeder vordergründige Anlass, der uns an den Kilimandscharo geführt hat. Profilierungssucht wird getauscht gegen Glücksgefühle, gegen Ehrlichkeit, gegen Ohnmacht, gegen Angst.

Wie um diese Angst zu bannen, hat einer der Teilnehmer ein Ritual eingeführt, sein kleiner Sohn und Bob der Baumeister haben ihn inspiriert: Jeden Morgen und jeden Abend fragt er uns: »Und? Schaffen wir das?« Und wir antworten: »Ja! Wir schaffen das!« So albern solche Runden von gestandenen Managern nach außen wirken mögen, so weit tragen diese Zeichen der Gemeinschaft in die Zukunft.

Tag 4: Barranco-Tal (3950 m) Die Stimmung ist gut, obwohl alle wissen, dass heute ein nicht ganz leichter Tag wird. Die Aussicht im Sonnenaufgang ist umwerfend und lenkt noch ein wenig ab. Die Akklimatisation nimmt heute nicht nur die Zeit des Tages in Anspruch, sondern auch die Körper der Teilnehmer.

Wieder wandern wir schweigend. Über ein offenes Plateau erreichen wir die ersten steileren Passagen, die uns bis auf eine Höhe von 4600 Höhenmetern führen werden. Der Lava Tower ist dabei der Höhepunkt des Tages.

Viele haben Kopfschmerzen, aber es ist nicht der Kopfschmerz, der nach einer anstrengenden Sitzung ohne Sauerstoff oder nach einem anstrengenden Tag vor dem Computer zuschlägt. Er ist echt! Bob der Baumeister versagt offenbar seine Unterstützung, die Ersten haben Probleme, taumeln und werden zunächst nicht wirklich aufgefangen. Das Team existiert nur, wenn alles gut läuft – das ist am Berg wie im wirklichen Leben.

Das ist der Punkt, an dem ich, Joachim Franz, eingreifen muss: »Wem es schlecht geht und der nichts davon dem Team mitteilt, handelt verantwortungslos«, sage ich eindringlich. »Oder soll man später von euch sagen: Er hat bis zum Schluss geschwiegen und starb als Held!? Teilen heißt das Zauberwort: Glück und Unglück, Trauer und Freude, Schmerz und Schmerzlosigkeit, Sicherheit und Unsicherheit.«

An diesem Tag komme ich, Uwe Kuntz, an meine Grenzen. Keine Gedanken an nichts, jeder Schritt zählt, mein Kopf ist leer. Schmerzen begleiten mich bei jedem Schritt abwärts, meine Knieprobleme lassen die Gruppe auf mich warten, jeder Schritt tut weh. Einer meiner Freunde nimmt mir meinen Rucksack ab, ein anderer zeigt mir den richtigen Einsatz der Trekkingstöcke. Spät, sehr spät kommen wir im Lager an. Ich denke an Abbruch, meine Schmerzen können nur mit Tabletten unterdrückt werden. Die Nacht ist lang und kalt. Zum ersten Mal sehe ich den Gipfel des Kilimandscharo, den dem Gipfel vorgelagerten Gletscher, einen grandiosen Sternenhimmel und eine weit unter uns liegende Kleinstadt. Das lässt mich meine Zweifel vergessen. Morgen mache ich weiter, die Schmerzen lassen sich ertragen, der Stolz auf das bisher Erreichte motiviert mich für den nächsten Tag.

Spätestens jetzt muss sich das Team als Team verstehen: »Ja, wir schaffen das!« ist nichts als eine schöne Worthülse, wenn die versteckte Agenda dahinter lautet: »*Wir* ist so lange gut, bis ich abschätzen kann, dass ich den Rest des Weges alleine schaffe!«

Die Gruppe rauft sich in der Krise zusammen. Sie entwickelt einen Zusammenhalt, der so stark ist, dass er bis heute trägt. Wir folgen dem Weg am Fuße des Kibo-Gipfels und steigen langsam ab in das Barranco-Tal zum nächsten Zeltlager auf 3950 Höhenmetern.

»Geflucht habe ich, meist heimlich, aber nie an Umkehr gedacht«, berichtete einer der Teilnehmer nach der Tour. »Ich hatte mit Kopfschmerzen zu kämpfen, mit starken Knieschmerzen und mit Schwindel. Aber mein Körper und meine Seele wollten das Ziel dennoch erreichen.«

Er wollte nicht scheitern, niemand wollte scheitern – und doch mussten sich alle notgedrungen mit diesem Thema auseinandersetzen. Gerade das hat jeden Einzelnen von ihnen vorangebracht.

Diesen Effekt können wir nicht nur bei einzelnen Expeditionsteilnehmern beobachten, sondern auch bei Unternehmen, die ganze Projektgruppen auf Hannibal-Expedition schicken.

Hannibal-Schweigemarsch nach Verdun

Die Mitarbeiter der Saar LB haben sich mitten in der verregneten Nacht auf den Schlachtfeldern von Verdun verlaufen. Der Orientierungsmarsch ist ganz offensichtlich gescheitert, die Stimmung am

Boden. Und doch sehen die Teilnehmer keine andere Option, als einfach weiterzumarschieren. Sie beißen sich durch. Sieben Stunden später, gegen drei Uhr morgens, erreichen sie völlig erschöpft das Hotel. »Was für einen Schwachsinn haben wir denn hier mitgemacht?« – manche denken es sich, manche sagen es laut. Und doch haben sich alle Notizen zu fünf verschiedenen Werten aufgeschrieben. Sie fallen in ihre Betten. In nur fünf Stunden geht das Seminar weiter.

Auch auf dem Weg zum Brockengipfel wurde die Möglichkeit des Scheiterns ausgeklammert.

Hannibal-Expertengipfel auf dem Brocken

»Der Weg ist ja nicht so lang, und wir haben ja Zeit, da schafft das schon jeder« – mit dieser Gewissheit haben sich die Teilnehmer der Brocken-Expedition auf den Weg gemacht.

Doch auch auf einem dreieinhalbstündigen Marsch blitzt das Syndrom des Scheiterns auf: »Lasst mich ruhig allein weitergehen, ich halte euch ja nur auf!« Das ist einer der markantesten Sätze, ein sicheres Zeichen für eine Schlüsselstelle. Hier möchte jemand abtauchen.

Lässt man die Gruppe an einer so entscheidenden Stelle laufen, würde sie nie *gemeinsam* ankommen. Diese kritischen Stellen sind oft die schwierigsten Passagen eines Weges – sowohl physisch wie auch psychisch. Hier zeigen sich die Schwächen eines Teams, aber genau hier setzt auch das Lernen, und zwar das Lernen in Bezug auf die Werte, erst wirklich an.

Erfolg gilt als normal

Obwohl wir in jüngster Zeit alle viel über *die Krise* der Wirtschaft diskutiert haben und über die Opfer, die diese Krise gefordert hat, gehen wir doch oft automatisch davon aus, dass die Opfer immer *die anderen* sein müssten: »Ja, tragisch, Herr Y hat seinen Job verloren.« Es fällt uns schwer, das Scheitern auch als Normalität für uns selbst anzuerkennen.

Dabei gehören Scheitern und Erfolg zusammen, erklärt Dr. Hans-Jürgen Stöhr, der in Rostock eine *Agentur für gescheites Scheitern* betreibt. Seiner Überzeugung nach muss jeder, der nach Erfolg sucht, das Scheitern einkalkulieren. Umgekehrt trage auch jeder, der einmal gescheitert sei, den Keim des Erfolges in sich.

Gerade im Scheitern liegt die Chance, neu zu denken und neu zu handeln. Überwundene Niederlagen können sogar mehr Kraft und Erfahrung geben als kurzfristige Erfolge! (Allerdings, das müssen wir hier einwenden, findet dies nicht automatisch statt. Es gibt keine Garantie dafür, aus Rückschlägen letztendlich doch als Held hervorzugehen.)

Der Resilienz-Faktor

Das Hinfallen kann passieren, und manchmal passiert es auch tatsächlich. Es ist die Leichtigkeit, mit der wir wieder aufstehen, die uns von anderen unterscheidet! Dabei wirkt ein aus unserer Sicht oft unterbewerteter Faktor: die Resilienz – etwas salopp könnten wir auch von »Stehaufmännchen-Faktor« sprechen.

Das Wort Resilienz kommt vom lateinischen *resilire*, was so viel bedeutet wie zurückspringen oder abprallen und mit *Widerstandsfähigkeit* übersetzt werden kann. Die Bereitschaft, Versagen, Scheitern oder Niederlagen in Kauf zu nehmen, sie anzunehmen, ohne an ihnen zu zerbrechen, ist eine besonders für Führungskräfte unbedingte Voraussetzung für späteren Erfolg. Es ist die gelungene Verbindung von Vertrauen, Mut und Intelligenz.

Derzeit wird diese individuelle, aber auch kollektive Resilienz weder geübt noch erhalten: Anstelle vertrauensvoll das Risiko einzugehen, dass aus dem Untergang einer Unternehmung im kreativ-chaotischen Prozess wirklich Neues zu entstehen vermag, wird überall versucht, alles und jeden aufzufangen. Wir sind überzeugt, dass Resilienz gelernt werden kann und trainiert werden muss, damit wir mit Krisen vernünftig um- und aus ihnen gestärkt hervorgehen.

Das Scheitern führt uns zu den Werten

Krisen, Konflikte und letztendlich auch Niederlagen sind für uns auch deshalb notwendig, damit wir die Kraft von Werten verstehen. Diesen Zusammenhang haben Sie sicherlich selbst schon einmal erlebt: Wenn in Ihrem Unternehmen oder bei Ihnen zu Hause alles aus den Fugen gerät, ringen Sie mit sich und mit anderen Menschen um nichts anderes als Werte. Sie diskutieren und verhandeln darüber, was gut und richtig ist:

- Kämpfen Sie mit eisernem Willen weiter für Ihr Projekt, oder akzeptieren Sie, dass es abgebrochen werden muss? (Hier geht es um Disziplin.)
- Sprechen Sie mit Ihrem Vorgesetzten offen über Ihre Probleme mit einem Ihrer Mitarbeiter? (Vertrauen Sie oder nicht?)
- Delegieren Sie noch mehr Aufgaben an Ihre Assistenten, obwohl sie längst an ihren Kapazitätsgrenzen angelangt sind? (Wie steht es um Ihre Menschlichkeit?)

- Finden Sie die neue Strategie des Vorstands überzeugend, oder haben Sie ernste Zweifel daran, ob sich die neue Vision überhaupt realisieren lässt? (Hier spricht Ihre Intelligenz.)
- Formulieren Sie in einem großen Meeting Ihre Zweifel an der neuen Vision – obwohl Sie wissen, dass die oberste Führungsriege geschlossen dahintersteht? (Zeigen Sie Mut?)

Wenn es Ihnen also gelingt, »gescheit zu scheitern«, kommen Sie Ihren Werten ein gutes Stück näher. So haben es die Teilnehmer der Kilimandscharo-Expedition erlebt:

> »Viele Mitstreiter erzählten nach der Tour von einschneidenden Veränderungen im persönlichen Umfeld oder in der Sicht der Dinge betreffend der Priorisierung der Elemente, die eine Weltanschauung ausmachen. Zuvor Unwichtiges wurde in seiner Bedeutung nach oben verschoben, und umgekehrt. Persönliche Freiheit wurde neu definiert, ebenso die Bedeutung von Freundschaft.«

> »Die Expedition bewirkte, dass man insgesamt intensiver über ethische Werte nachdenkt und auch entsprechend danach handelt, mehr als dies zuvor der Fall war.«

> »Nach der Expedition war mir klar: Ich muss mit dem Leben, so wie es ist und das Schicksal es gewollt hat, zurechtkommen und meine Familie und noch einmal in erster Linie meine Familie unterstützen.«

An folgendem Beispiel möchten wir Ihnen einen solchen Prozess des Scheiterns und der anschließenden Transformation einmal aufzeigen: So habe ich, Joachim Franz, es erlebt, als ich eine weltweite Expedition plante – und dann noch einmal neu plante. Solche Paradigmenwechsel haben aus heutiger Sicht nicht nur Erfolge möglich gemacht, sondern auch einen Grundstein zum Hannibal-Prinzip gelegt.

Über das Scheitern zum Erfolg: Die cape2cape aids awareness expedition

Seit 2001 unternehme ich, Joachim Franz, eine besondere Form von Expeditionen, um weltweit zum Kampf gegen HIV/Aids aufzurufen. die *aids awareness expeditionen*. 2005 setzte ich mir in den Kopf, ein neues, noch sichtbareres Zeichen zu setzen: und zwar mit einem sensationellen Staffellauf vom Nordkap nach Kapstadt, Titel: cape-2cape, gleichsam ein Brückenschlag zwischen Europa und Afrika.

Ende 2007 waren alle Vorbereitungen getroffen, doch das Verhalten einzelner »Heldenläufer« machte mich stutzig: Offenbar stand für sie nicht das Thema HIV/Aids im Mittelpunkt, sondern der eigene Ruhm! In diesem Augenblick kippte die ganze *cape2cape – aids awareness expedition*, mein großer Traum und Plan war gescheitert.

Das Scheitern öffnete mir einen neuen Weitblick, der mir mein Ziel klarer als jemals zuvor erscheinen ließ. Ich brauchte keinen Lauf, der zwar von der Länge her sensationell war, aber nur einzelne Läufer in den Mittelpunkte stellen würde und keine wirklichen Höhepunkte aufwies. Ich brauchte eine Geschichte, ein Bild, eine Vision, für jedermann begreifbar und in den Medien darstellbar.

Am nächsten Tag rief ich die *cape2cape – world aids awareness expedition* aus: Die Strecke blieb fast gleich, nur wurde sie nicht gelaufen, sondern mit 5 Fahrzeugen und 18 Personen befahren. In jedem der 20 durchfahrenen Länder stiegen Teams auf den jeweils höchsten Gipfel des Landes. Dort stellten sie Gipfelfahnen zur HIV/Aids-Mahnung auf: am Kopf jeweils das Weltexpeditionslogo, darunter die HIV/Aids-Dunkelziffer des jeweiligen Landes und darunter die dazugehörige Nationalfahne. Nach 64 Tagen, pünktlich am Welt-Aids-Tag, stand das Team in Kapstadt. Alle waren Helden, Vorbilder und Botschafter. Wir hatten es geschafft, den Wert dieser Aktion ausschließlich auf ein gemeinsames Ziel zu fokussieren, nicht auf

Personen. Niemand hat gefragt, wer auf welchem Gipfel stand, aber jeder begriff, was wir zu sagen hatten. »Der Gipfel ist erreicht!«

Für diese Aktion wurde ich unter anderem zum *Europäer des Jahres 2009* ausgezeichnet. Doch das trifft den Kern der Sache nicht ganz. Nicht ich, sondern *wir* waren *Europäer des Jahres.*

Fragen zum Selbstcoaching

Denken Sie einmal an Phasen in Ihrer Biografie zurück, in denen Sie das Gefühl hatten, gescheitert zu sein:

- **Was genau ist in dieser Situation geschehen?**
- **Wie haben Sie die Situation bewältigt?**
- **Wer oder was hat Sie dabei unterstützt?**
- **Welche Erfahrung haben Sie daraus mitgenommen?**
- **War dieses Scheitern letztendlich für etwas in Ihrem Leben gut?**

Transformation: Scheitern und weitergehen

Wenn es uns gelingt, mit unseren Misserfolgen produktiv umzugehen, können wir uns entscheidend weiterentwickeln. Wir verändern uns. Im besten Falle werden wir sogar ein wenig *weise.*

Eine solche Transformation lässt sich mit einer Expedition geradezu herausfordern, wie die folgenden Beispiele zeigen.

Hannibal-Expedition auf den Kilimandscharo

Ende Tag 4: Barranco-Tal (3950 m) Nach acht Stunden Fußmarsch ist der wichtigste Tag geschafft. Keiner hat keine Veränderungen erfahren. Jeder ist jetzt im Team angekommen. Es entsteht eine neue, ungewohnte Geschäftigkeit. Sehr persönliche Gespräche erfüllen die Zweimannzelte und das Mannschaftszelt. Fürsorglich kümmern sich die Teilnehmer um die, die besonders stark unter der Höhenkrankheit leiden.

Tag 5: Karangatal (4000 m) Das Team besteht am Morgen nur noch aus Helden. Keiner stellt den Gipfel mehr in den Mittelpunkt! Die Nacht hat die Menschen verändert. Zwei von uns werden noch die Barranco Wall (600 steile Höhenmeter) bezwingen und dann den Rückweg antreten.

Diese gebieterisch wirkende Steilwand macht uns klein, aber das sind wir seit gestern alle. Wir werden heute zwei von uns gehen lassen, und dennoch erschallt zum Aufbruch: »Wir schaffen das!« Eigentlich dürften wir schon rufen: »Wir haben es geschafft!« Denn eines haben alle Gespräche, die Mystik des Berges und das neue Miteinander geschaffen: *den Mut des Scheiterns als den eigentlichen Gipfel der Seminarexpedition zu begreifen.*

Der Aufstieg über die Barranco Wall ist sicherlich sportlich die größte Herausforderung: Erst wenn man oben an der Passhöhe angekommen ist und einen Blick zurück nach unten wirft, erkennt man die Steilheit, die Gefahren, die mit diesem Teilabschnitt verbunden sind. Und es ist gut, dass man erst oben die Gefahren sieht; unmöglich erscheint es, diesen Weg nach unten zu begehen.

In der Barranco Wall des Kilimandscharo

Wir gehen anders weiter, und ich, Joachim Franz, bin mir sicher, dass nun kaum mehr jemand den Gipfel erreichen wird. Warum auch? Wenn das mein Ziel gewesen wäre, hätte ich allen eine normale touristische Buchung empfohlen. Aber jeder der Teilnehmer wollte mehr, auch wenn dies vor der Buchung des Expeditionsseminars von niemandem deutlich formuliert worden ist. Der Rest des Projektes ist schnell beschrieben.

Ein steiler Auf- und Abstieg brachte uns in das Karangatal, das vorletzte Zeltlager errichteten wir auf knapp 4000 Höhenmetern. Jeder war mit seinen Gedanken allein und bereitete sich auf das – jeweils individuelle – Finale vor.

Tag 6: Barafu Camp (4600 m) Tags darauf folgte der Weg einem Bergkamm hinauf bis zum Barafu Camp auf 4600 Metern. Es war die kürzeste Strecke der gesamten Tour: nach schon vier

Stunden erreichten wir unser letztes Camp. Die ausgesprochen luftige Lage der »Toilettenhäuser« und der herrliche Blick auf den Mawenzi sollte allen in bester Erinnerung bleiben. Auf steinigem Untergrund waren unsere Zelte errichtet, und man konnte ahnen, dass es keine komfortable Nacht werden würde. Wir legten alle noch die Ausrüstung für den Gipfelsturm zurecht und versuchten, in den warmen Schlafsäcken etwas Ruhe zu finden und Kraft zu sammeln. Es wurde empfindlich kalt.

Tag 7: Stella Point (5745 m) Gegen Mitternacht waren nicht alle in guter Verfassung: Durchfall und Kälte, Adrenalin und sicher auch die Sinnfrage machten den Aufbruch auf gefrorenem Untergrund hinauf bis zum Stella Point, 5745 Höhenmeter, der bis zum Sonnenaufgang erreicht werden sollte, eher zur Vision als zum Ziel.

Von allen Teilnehmern erreichten letztlich nur zwei den Gipfel. Beide waren »vom Leben ausgesucht«, diesen Gipfel zu stürmen: Einer der beiden hatte bereits sein Leben verändernde Erfahrungen gemacht und musste für sich den Gipfel erreichen, und der andere hatte die Ziele seines Lebens noch nicht aus den Augen verloren. Beide brauchten diesen Gipfel – auch wenn er für beide nicht das Ende der neuen Erfahrungen war. Beide gaben nach der Tour ihrem Leben eine andere Richtung.

Waren sie erfolgreich? Ja und nein – nur etwa zwei Jahre später scheiterten beide während einer Hannibal-Expedition zum Thema Menschlichkeit in Bolivien.

Alle anderen hatten *ihre* Gipfel zwischen 5000 und 5500 Höhenmetern erreicht und hatten es, salopp gesagt, »einfach nicht mehr nötig, den Gipfel zu erreichen«.

Noch am gleichen Tag trafen sich alle Teilnehmer, absteigend über die Mweka-Route, an der 3100 Meter hoch gelegenen Mweka-Hütte wieder, wo sie die Nacht nochmals in einem Zelt verbrachten.

Es ist nicht leicht, das Scheitern zu akzeptieren; es hinzunehmen, »dass der Körper nicht mehr mitspielt«. Auch auf Expeditionen mit gestandenen Führungskräften können in einer solchen Situation Tränen fließen. Es kann passieren, dass jemand bei Minusgraden »wie angewurzelt« mitten in der Nacht vor seinem Zelt sitzt und es vor Erschöpfung und Enttäuschung nicht mehr fertigbringt, allein in seinen Schlafsack zu kriechen. Ihre Transformation beschreiben Teilnehmer zum Beispiel so:

> »Mein Ziel war es, den Gipfel zu erreichen. Der Teamgedanke und das gemeinsame Teamverständnis kamen erst viel später. Eigentlich war die Tour für mich ein Experiment; ich wollte sehen, wie mein Geist und mein Körper auf die unterschiedlichen Situationen reagieren würden.«

> »Sportlich gesehen, wollte ich den Gipfel erreichen. Das Ziel sollte sich aber noch während der Tage am Berg wesentlich ändern.«

Hannibal-Schweigemarsch nach Verdun

»Wie viele Kilometer waren es denn?«, fragten mich die Teilnehmer, als sie tief in der Nacht das Hotel erreichten. »Über 30!« »Irre! Hätte nicht gedacht, dass ich das schaffe!«

Der Morgen danach ist nicht nur in den Beinen hart. Doch die Arte-Sendung »Karambolage« mit ihrer witzigen Art, das »deutsch-französische Verständnis« auf den Punkt zu bringen, lässt die Teilnehmer ihr Lachen wiederfinden. Dann kommt Claire Doutriaux, die diese Sendung entwickelt hat, und macht auf wundervolle Weise den Teilnehmern klar, worüber es wirklich zu lachen gilt.

Das Lachen verfliegt jedoch wieder, als die Sonnenstrahlen die unzähligen Granat- und Bombentrichter beleuchten und einen tiefen Blick durch die matten Fensterscheiben des Gebeinhauses erlauben.

Die Frage nach den Werten kocht hoch: Krieg und Frieden, Sinn und Unsinn, Verständnis oder Missverständnis? Die Verunsicherung der Teilnehmer erreicht ihren Höhepunkt: Jetzt beginnt der wirkliche Werte- und Leitlinienprozess. Meinem Eindruck (J.F.) nach sind jetzt im Seminarraum nur noch Helden auszumachen.

Neuer Morgen im Harz. Ein gemeinsames Frühstück, dann beginnt der Transferprozess.

Hannibal-Expertengipfel auf dem Brocken

Schon in der Nacht hatte ich, Christof Kreimeyer, den Seminarraum vorbereitet und nach Mitternacht die erstaunlichen Zettel der Teilnehmer gesichtet. Über hundert Ideen sind beim Schweigemarsch zusammengekommen – welch eine Fülle.

Im ersten Teil dieses Tages ist es die Aufgabe der Gruppe, die vielen Ideen, Vorschläge und Themen zu verdichten. Dabei werden zeitlich klar begrenzte Phasen in kleineren Gruppen durchlaufen. Die immer wiederkehrende Frage lautet: »Erarbeiten Sie mit Ihrem Team zusammenfassende und priorisierte Oberthemen. Verwerfen Sie keine Idee, sondern identifizieren Sie geeignete strategische Zukunftsfelder für die Firma bis 2020.«

Nach jeder Arbeitsphase übergibt eine Gruppe der nächsten ihre Ergebnisse als Diskussionsgrundlage. Es wird dreimal rotiert. Mit jedem Schritt werden die Formulierungen, die Überschriften kürzer, prägnanter. Zum Schluss sind das Ergebnis fünf große Themenblöcke, die fünf strategisch wichtigsten Themen der »OBG AG 2020«.

Im zweiten Teil geht es dann darum, aus den gewonnenen Themenkreisen erste, konkrete Ansätze und strategische Inhalte zu erarbeiten, und dann in Folge sofort vor und mit dem Vorstandsvorsitzenden zu diskutieren.

Zentral ist die Vision, die OBG AG in eine *Klima-Fabrik* zu verwandeln, die mit CO_2-neutralen Prozessen arbeitet, regenerative Energien nutzt und nachhaltige Verfahren des Bauens entwickelt, und sich nicht zuletzt deshalb als einer der attraktivsten Arbeitgeber in der Region etabliert.

Alte Ziele loslassen, neue Ziele zulassen

Oft ist es so, dass wir nach außen hin ein bestimmtes Bild verkaufen, innen aber eigentlich etwas anderes suchen: So sprechen wir zum Beispiel darüber, den Kilimandscharo zu besteigen oder die Umsätze um 14 Prozent zu steigern. Tatsächlich aber suchen wir vielleicht nach einer neuen Herausforderung im Beruf oder sogar zu einem Zugang zu tieferen Erkenntnissen über uns selbst und das Leben.

Es ist interessant, dass Teilnehmer genau dann ihre eigenen verdeckten oder vergessenen Wünsche wiederfinden, während sie am Berg scheitern. Hier lernen gerade diejenigen, die in ihrem Job pausenlos auf Erfolg gepolt sein müssen, die eigene Unvollkommenheit neu kennen. Das Verstehen, dass man eben nicht perfekt ist, lässt die Teilnehmer ihre wirklichen Ziele längst vor dem Gipfel erreichen.

Das kann manchmal wie ein Befreiungsschlag wirken …

> »Obwohl ich wusste, dass ich den Gipfel nicht erreichen würde, war ich ganz gefangen von der Anspannung, der Motivation vor allem, das Ziel zu erreichen. Dann war ich erstaunt über meine, ja, Erleichterung bei der Umkehr und über die Sicherheit, die mir eine nur wenige Millimeter dicke Zeltwand vermitteln konnte.«

… auch wenn es Dritten gegenüber schwer zu vermitteln ist:

> »Mental bin ich einige Tage in Afrika zurückgeblieben, dafür waren die Erlebnisse zu intensiv, zu stark. Die Neugierde der Zurückgebliebenen musste befriedigt werden, das ›Warum nicht am Gipfel‹ war für viele Zuhörer eine Niederlage. Ich habe dies nicht so empfunden, aber irgendwann ist man es auch leid, das immer zu erklären, liegt doch die Erklärung in einem selbst.«

Sich öffnen

Wenn eine Sache schiefgelaufen ist, dann bedeutet das noch lange nicht, dass Sie als Person auf ganzer Linie versagt haben. Es ist wirklich wichtig, hier zu differenzieren: Eine Kilimandscharo-Besteigung ist ein Luxusproblem. Eine Nachtwanderung über Schlachtfelder ist ein künstliches Stress-Setting. Wer da nicht hoch- oder durchkommt, ist lediglich aus einem Spiel ausgestiegen – und hat im besten Falle besser verstanden, wie sich richtige von falschen Helden unterscheiden.

Wir lernen wesentlich dazu, wenn wir uns für neue Erfahrungen öffnen. Hier haben wir die Chance, in Kontakt mit unseren wirklichen Gefühlen zu kommen: Schock, Trauer, Wut. Es sind tatsächlich ähnliche Emotionen wie nach einem Trauerfall oder der Trennung von einer geliebten Person – und vielleicht ist das der Grund, warum etliche Teilnehmer sich während der Expeditionen intensiv mit dem Verlust ihrer Eltern, ihrer eigenen Kinder oder mit Themen ihrer eigenen Kindheit auseinandersetzen.

Nach diesem wilden Gefühlsbad können und sollten wir mit frischem Blick untersuchen, was eigentlich passiert ist: »Warum ist der Prozess so abgelaufen? Was hätte ich anders machen können – und was nicht? Und was lerne ich daraus für die Zukunft?«

Nachdem unser Selbstvertrauen zunächst in die Schieflage geraten ist, besteht in diesem Augenblick die Chance, dass wir über uns hinauswachsen. Das bestätigt ein Expeditionsteilnehmer:

> »Nicht jedes Ziel muss vollständig erfüllt werden, um mit sich selbst zufrieden und stolz zu sein. Die Korrektur von Zielen, wenn nicht mehr machbar, führt, zum richtigen Zeitpunkt realisiert, auch zu einem wichtigen Erfolgserlebnis. Dinge, die man selbst gesehen hat, weil man sich selbst auf einen beschwerlichen Weg aufgemacht hat, sind intensiver als 1000 Bilder und Bücher.«

Laut der Theorie des US-amerikanischen Psychologen Clare W. Graves (1914–1986) ist nicht jeder Mensch gleich offen für Veränderungen. Graves stellte das Veränderungspotenzial auf einer kontinuierlichen Skala dar:

- **Offen:** Diese Menschen sind in der Lage, ihr Denken aufgrund sich wandelnder Realitäten und Rahmenbedingungen zu verändern. Sie gehen wirksam mit Hindernissen um und finden sich in komplexen Situationen gut zurecht.

- **Blockiert:** Menschen dieser Gruppe sind durch Hindernisse im Selbst oder in der Situation verhaftet und neigen dazu, den Status quo zu verteidigen. Sie können sich aber verändern, wenn große Dissonanzen auftreten oder Hindernisse überwunden werden müssen. Blockierte Menschen spüren »möglicherweise die Schwierigkeiten, glauben aber, dass nichts dabei ist, da ›das Leben so spielt‹ und ›man nichts gegen die da oben unternehmen kann‹. Diese Unfähigkeit zu Anpassung und Veränderung führt zu Frustration, Leugnung, Wut, Unmut und einer der führenden Krankheiten unserer Tag – ›Stress‹.«

- **Geschlossen:** In dieser Gruppe finden sich Menschen, die sich von Veränderungen bedroht fühlen und verbissen darum kämpfen, an Ort und Stelle zu bleiben. Sie sind häufig nicht in der Lage,

Hindernisse zu sehen, diese zu überwinden oder alternative Sichtweisen zu entwickeln. Ursachen für diese Unbeweglichkeit können zum Beispiel frühere Traumata sein. Auf erzwungene Veränderungen können diese Menschen mit Panik, Wut, Gewalt oder einer Depression reagieren – während einer Expedition sind sie es, die schon kurz nach dem Start abbrechen.

Unserer Erfahrung nach zählen etliche Manager zu den offenen Menschen, viele – vielleicht die meisten – sind aber aus irgendeinem Grund blockiert. Genau das ist der Grund, warum wir mit ihnen Grenzerfahrungen suchen. Es ist die damit verbundene Dissonanz, die trotz anfänglicher Widerstände Veränderungen anstößt und

Fragen zum Selbstcoaching

Werfen Sie noch einmal einen Blick auf Ihr eigenes Leben:

- **Mussten Sie schon einmal radikal umsteuern?**
- **Wie haben Sie diese Transformationsphase erlebt?**
- **Haben Sie Abenteuerlust verspürt und/oder eher Angst?**
- **Haben Sie im Moment den Eindruck, dass Sie offen sind für neue Erfahrungen, oder möchten Sie lieber, dass alles so bleibt, wie es ist?**
- **Was könnten Sie tun, um sich mehr für Neues zu öffnen?**

schließlich möglich macht. Dabei handelt es sich nicht selten um tiefgreifende Auseinandersetzungen, die Teilnehmer weg vom Thema »Status« hin zum Thema »Sinn«, zu den einzelnen Werten und letztendlich zu einem Führungs- und Lebensstil führen, der sehr viel authentischer und auch nachhaltiger ist als der zuvor gepflegte.

Rückkehr: Mut zur Veränderung

So ist es nur logisch, dass einzelne Teilnehmer oder ganze Teams nach ihrer Rückkehr die Ärmel hochkrempeln und entschlossen umsteuern.

Hannibal-Expedition zum Kilimandscharo

Tag 8: Mweka Gate (1800 m) Die letzte Etappe am Berg führt uns wieder durch die Heidezone und den Regenwald. Unser Ziel, das Mweka Gate auf 1800 Höhenmetern, war Erlösung und Stich ins Herz zugleich. Die tiefe Dankbarkeit gegenüber unseren Trägern und Führern, das schlichte Tor, alles schien so, als wenn in den Köpfen die Vorstellung wuchs: Wenn ich durch dieses Tor schreite, fallen die Kilimandscharo-Erfahrungen – insbesondere die Auseinandersetzung mit dem Mut zum Scheitern – wieder von mir ab!

Hatten wir »uns« jetzt, nach dieser Tour, selbst und einander gefunden? Nein, ganz sicher noch nicht, denn die Veränderungen, die Nachhaltigkeit, sollte sich erst einige Monate später deutlich zeigen. Aber dennoch wirkte auf mich, Joachim Franz, jeder verändert. Ich hatte den Eindruck, trotz so unterschiedlicher Erfahrungen und erreichter Höhen keine Einzelpersonen wahrnehmen zu können, sondern nur noch ein Team zu sehen, eine Mannschaft, ein Ziel: Uns wird es gelingen müssen, diese Erfahrung zu konservieren, wir werden aus dieser Zeit retten müssen, was zu retten geht, denn es ist nicht sicher, ob wir uns selbst wieder die Chance zu einer solchen Erfahrung geben werden: Die Erfahrungen machen uns, nicht wir die Erfahrungen!

Der Vorstand der Saar LB hat Mut und Intelligenz bewiesen: Wer traut sich schon, einen solchen neuen Weg zu gehen? Wer wagt es wirklich, beim Change-Management auf den altbewährten Weg von oben nach unten (Top-down) zu verzichten? Welche Vertreter der oberen Führungsebene geben gerne die eigene Heldenrolle ab?

Schweigemarsch nach Verdun

47 Stunden dauerte der gesamte Prozess, von der Begrüßung bis zur Verabschiedung. Die Teilnehmer haben Außergewöhnliches geleistet. Sie waren zwar zunächst nicht bereit, die Heldenrolle zu übernehmen, und warteten tief im Inneren auf einen »Anführer«. Doch im Scheitern, am Punkt des Verlaufens, begann ihr eigener Heldenweg. Letztendlich haben sie es geschafft, sich in nur 47 Stunden selbst zu finden und ein komplettes Konzept zur Umsetzung, Identifikation und Kommunikation neuer Unternehmensleitlinien auszuarbeiten. Dass die kurze Heldenreise nach Verdun als Katalysator gewirkt hat, bestätigt Frank Peter Eloy, Mitglied des Vorstandes der Landesbank Saar (Saar LB): »Jeder findet sich wieder, weil er Teil des Ganzen geworden ist. Der gemeinsame Werteprozess ist in eine gemeinsame Festlegung, Formulierung und Priorisierung von Werten gemündet.«

Am Ende der gemeinsamen Zeit auf dem Brocken ist jedem klarer, warum gerade er oder sie dabei ist, welche Wertschätzung darin liegt und welche neue und größere Verantwortung hieraus erwachsen wird.

Hannibal-Expertengipfel am Brocken

Den letzten Teil unseres Denk-Ausfluges bildet der Rückmarsch, noch einmal das Geleistete sehen, den Winter wieder verlassen, das Erlebte, das gemeinsam Erarbeitete zurückbringen.

Die Anerkennung und die Herausforderung, die Zukunft der Firma mitzugestalten, ist zugleich eine Einladung zum Wachsen für jeden Anwesenden. Mittlerweile hat der Vorstand der OBG AG die Vorschläge der Expeditionsteilnehmer aufgenommen und befürwortet. Der Transformationsprozess hat begonnen.

Werte entdecken – sich selbst verändern

Expeditionen nach dem Hannibal-Prinzip reißen die Teilnehmer aus ihrem Alltag heraus und ermöglichen ihnen ganz neue Perspektiven: für ihr Unternehmen (dazu im nächsten Kapitel mehr), aber auch auf ganz persönlicher Ebene. Viele schöpfen einfach Kraft und können aus dem Erlebnis neuen Mut für andere Herausforderungen mitnehmen; viele gehen durch den gewonnenen Abstand mit einer größeren Gelassenheit in ihren Alltag zurück; manche definieren ganz neue Ziele für ihr Leben, weil sie mit unseren grundlegenden Werten konfrontiert worden sind; alle setzen sich damit auseinander, was wahre Helden wirklich ausmacht – wobei jeder seinen eigenen Zugang findet.

Mut: In der Dunkelheit, in der Kälte oder Tausende von Metern über der Baumgrenze erkennt manch ein Teilnehmer, dass er viel mehr Mut besitzt, als er geahnt hatte. 30 Kilometer laufen oder über einem 400-Meter-Abgrund balancieren – geht doch alles! Mit dieser Erfahrung bricht dann ein Damm: »Wenn ich das kann, dann kann ich vielleicht noch viel mehr!« Vergleichsweise häufig kommt es vor, dass Manager nach ihrer Teilnahme an Berg-Expeditionen neue Perspektiven für ihren Beruf ins Auge fassen: einen neuen Bereich übernehmen, ins Ausland wechseln, sich selbstständig machen. Plötzlich scheinen alle Wege wieder offen zu sein.

Disziplin: »Bis zu welchem Punkt bin ich bereit und fähig, diese Tour zu gehen?« – mit dieser Frage sind die Teilnehmer am kleinen Brocken genauso konfrontiert wie die am großen Kilimandscharo. Im Büro lässt sich manche Niederlage so lange durch die Kommunikationskanäle drehen, bis sie nicht mehr nach Niederlage aussieht. Am Berg aber ist das Scheitern radikal: Da kann jemand nicht mehr, und daran gibt es nichts zu deuteln.

Manchmal ist es dabei gar nicht die Anstrengung der Expedition allein, die zu einer solchen Überforderung führt, dass Disziplin allein nicht mehr wirkt: Es ist die pausenlose Hochleistungs-Hetzerei über Monate hinweg, die irgendwann im Kollaps endet.

Bei stark geforderten Führungskräften komme es übrigens immer häufiger zum Burnout im oder nach dem Urlaub, so die Zeitschrift *ManagerSeminare* (März 2010). Das treffe vor allem diejenigen, die im Job sehr leistungsbezogen seien und im Urlaub dann im gleichen Tempo weitermachen: Ihnen sei das Gefühl für den eigenen Rhythmus und das richtige Maß verloren gegangen.

Intelligenz: Wenn Teilnehmer durch die Eindrücke ihrer Expedition ein wenig aus der Bahn geworfen werden (es muss ja nicht gleich ein schweres Burnout sein), bietet sich ihnen dadurch die Chance, einen neuen Kontakt zur eigenen Lebensklugheit aufzubauen. Wie teile ich meine Ressourcen richtig ein? Ist es wirklich intelligent, sich so sehr auf den Beruf zu konzentrieren, dass zwar die unternehmerische Bilanz hervorragend aussieht, aber die innere Balance nicht mehr stimmt? Lassen sich der Kontakt zur eigenen Partnerin oder zum eigenen Partner und der Kontakt zu den Kindern nicht besser gestalten?

Vertrauen: Manche Führungskraft muss sich erst an den Gedanken gewöhnen, sich in eine Gruppe einzugliedern und sich dem Expeditionsleiter unterzuordnen. Es fällt ihr schwer, anderen zu vertrauen. Doch das gemeinsame Erlebnis kann hier zu einem inneren Umsteuern führen – wie ein Teilnehmer der Kilimandscharo-Expedition erfahren hat:

> »Ich hatte mir zwar als Ziel gesetzt, den Gipfel zu erreichen, aber das Gruppenerlebnis und das gewonnene Vertrauen in andere Personen waren mir letztendlich viel wichtiger. Aus dieser Sicht kann ich auch nicht von einem Misserfolg sprechen. Nein, es war ein Erfolg! Ich habe mein Gipfelerlebnis gehabt.«

Menschlichkeit: Der Wert Menschlichkeit tritt bei Expeditionen oft sehr stark in den Vordergrund. Die Teilnehmer greifen sich im Wortsinn unter die Arme, um den Weg gemeinsam zu schaffen. Aus Solidarität brechen Kleingruppen den Gipfelsturm gemeinsam ab. Die Konfrontation mit der bitteren Armut in den Bergregionen wirkt hier zusätzlich als starker Katalysator. Plötzlich verschieben sich die Prioritäten. Nicht wenige Teilnehmer engagieren sich nach ihrer Tour in humanitären Projekten.

Glaubwürdigkeit: Jede gelungene Expedition führt zu einer Konfrontation mit grundsätzlichen Fragen: Was ist mir wirklich wichtig im Leben? Für was stehe ich authentisch ein? Wer bin ich eigentlich? Und wer möchte ich sein? Manager, die sich diesen Fragen ernsthaft stellen, gewinnen mit jedem Schritt mehr Integrität – und damit mehr Glaubwürdigkeit. Dazu zwei Stimmen von der Kilimandscharo-Expedition:

»Was wir hier gemacht haben, war wichtig für unser Leben.«

»Jeder hat etwas anderes gefunden – letztendlich sich selbst.«

Fragen zum Selbstcoaching

Wenn Sie an Ihre Erlebnisse mit Veränderungen zurückdenken:

- **Mit welchen Werten waren Ihre persönlichen Veränderungen verknüpft?**
- **Wie haben Sie es geschafft, nach einem einschneidenden Erlebnis Ihr Leben zu ändern?**
- **Und wenn nicht: Warum ist es nicht gelungen, wirkliche Veränderungen in Ihrem Beruf oder Privatleben durchzusetzen?**
- **Was könnten Sie tun, um Veränderungen mit Mut Wirklichkeit werden zu lassen?**

Kapitel 4

Führen nach dem Hannibal-Prinzip

Werte und Motive – sie sind es, die Sie als Führungskraft antreiben. Sie stellen die Basis Ihres Führungshandelns dar. Ihre Führungskompetenz wiederum ist die Größe, die Ihren Erfolg im Arbeitsleben ausmacht. Je mehr Sie Ihre eigenen Werte reflektieren, desto sicherer agieren Sie als Führungskraft. Gleichzeitig schaffen Sie auf diesem Wege Rahmenbedingungen, in denen Ihre Mitarbeiter nicht nur loyal, sondern auch kreativ werden; in denen sie sich nicht nur der Sache verpflichtet fühlen, sondern wirklich inspiriert sind und dazu beitragen, die Leistungskraft, die soziale Verantwortung und die Glaubwürdigkeit Ihres gesamten Unternehmens nach vorn zu bringen.

1. Schritt: Ihre Werte als Schlüssel zu guter Führung

Wenn ich, Christof Kreimeyer, im Coaching einem Manager Raum gebe, sich seinen Werten auf ganz persönliche und individuelle Weise anzunähern, wird oftmals ein Prozess vertiefter Selbstreflexion ausgelöst. Der Coachee lässt verschiedene Anteile seiner Persönlichkeit – manchmal zum ersten Mal – in einen Dialog treten: Auf der einen Seite ist das die Fach- oder Führungskraft, seine professionelle Seite, und auf der anderen Seite ist dies sein »innerer Richter«, der bestimmte Werte und Normen für richtig hält und verteidigt. In dem Augenblick, in dem die fachliche Ebene mit der überfachlichen verknüpft wird, erlebt sich der Coachee bewusst als reflektierend Handelnder auf der Basis von Werten.

Die in diesem Buch postulierten Werte

- Mut,
- Disziplin,
- Intelligenz,
- Vertrauen,
- Menschlichkeit
- und schließlich Glaubwürdigkeit

haben sich übrigens während meiner langjährigen Arbeit als externer Coach für Führungskräfte der oberen und obersten Führungsebenen herauskristallisiert – und zwar in enger Zusammenarbeit mit meinem Freund und Mitstreiter Jan Schlüter, der ebenfalls Psychologe und heute bei Credit Suisse tätig ist. Es sind auch die Werte, mit denen die Mehrzahl der Manager in ihrem Berufsalltag und auch in ihrem Privatleben am meisten verbinden.

Ihre Werte-Landkarte

Aus dieser Erfahrung heraus habe ich folgende Übung entwickelt, die Sie, wenn Sie mögen, an dieser Stelle selbst durchführen können:

1. Welcher Wert spricht Sie spontan an?

Wenn Sie sich mit Ihren spontan favorisierten Werten auseinandersetzen, kommen Sie ganz leicht zu Ihren zentralen Motivatoren. Zumeist sind dies auch Ihre starken Seiten als Führungskraft: Fühlen Sie sich als Manager zum Beispiel vom Wert *Vertrauen* besonders stark angezogen, sind Sie wahrscheinlich ein erfolgreicher Netzwerker. Es fällt Ihnen leicht, auch komplexe Aufgaben zu delegieren, Mitarbeiter zu Höchstleistungen zu motivieren (»Sie schaffen das!«) oder Kooperationspartner zu gewinnen.

Die Erfahrung zeigt, dass sich Manager zumeist mit drei bis vier Werten identifizieren können – und mit einem oder zwei Werten hadern.

2. Welchem Wert weichen Sie aus?

Im nächsten Schritt können Sie sich mit den Werten beschäftigen, die Ihnen weniger nah sind oder die bei Ihnen sogar unangenehme Gefühle auslösen. Diese Werte zeigen Ihnen die Spur zu Ihren eigenen Unsicherheiten auf, zu belastenden Situationen in Ihrem jetzigen Arbeitsalltag oder auch in Ihrer eigenen Biografie.

Dazu ein Beispiel: Ein Manager zögerte, Disziplin von seinem Team zu fordern und klare Regeln aufzustellen. Dies erschien ihm »zu hart«. Im Gespräch zeigte sich, dass dieser Manager in seiner Vergangenheit unter einem strengen Vater und unter einem zu Brutalität neigenden Onkel gelitten hatte und in seinem Leben deutlich anders auftreten wollte. Als er sich schließlich durchrang, als Führungskraft Klartext zu sprechen (»Ich möchte von euch folgende Leistung sehen!«), reagierten die Mitarbeiter erleichtert (»Endlich wissen wir, was zu tun ist.«).

Vernachlässigte Werte führen immer zu einem eingeschränkten Führungshandeln. Gelingt es Ihnen, den Werten, denen Sie bisher ausgewichen sind, auf den Grund zu gehen, erleben Sie dies mit Sicherheit als positive Erweiterung Ihrer eigenen Kompetenz. Häufig empfiehlt es sich, in diesem herausfordernden Prozess einen professionellen Coach zurate zu ziehen.

3. Ihre Werte-Landkarte

In diesem Schritt haben Sie die Möglichkeit, eine polare Werte-Landkarte zu erstellen, die Ihnen dabei helfen kann, sich selbst noch besser zu steuern.

Was passiert, wenn Sie im Job einen bestimmten Wert übertreiben oder untertreiben? Es geht hier also nicht um »richtige« oder »falsche« Werte, sondern um das richtige *Maß* der Werte: Leben Sie als Manager beispielsweise zu wenig Menschlichkeit, könnten Sie als kalter, distanzierter Tyrann wahrgenommen werden; gehen Sie umgekehrt mit Ihrem Team zu sehr auf Kuschelkurs, tanzen Ihnen Ihre Mitarbeiter auf der Nase herum. »Familiarity breeds contempt« ist ein geflügeltes Wort im angelsächsischen Sprachraum: Allzu große Vertrautheit führt zu einem Mangel an Respekt oder sogar zu Verachtung.

Tragen Sie in die folgende Tabelle also die Begriffe ein, die Sie persönlich mit einem Zuviel oder einem Zuwenig in Bezug auf die einzelnen Werte verbinden. (Die Begriffe zu *Menschlichkeit* haben wir als Beispiel bereits eingetragen.) Schätzen Sie dann deren Ausprägungen in Ihrem eigenen Führungshandeln ein und kreuzen Sie das entsprechende Kästchen an:

zu wenig	---	--	-	Wert	+	++	+++	zu viel
				Mut				
				Disziplin				
				Intelligenz				
				Vertrauen				
Tyrann				Menschlichkeit				»Everybody's Depp«
				Glaubwürdigkeit				

Schauen Sie sich Ihr Profil nun genau an: Was finden Sie gut? Welchen Wert wollen Sie in Zukunft stärker leben?

Sprechen Sie über Ihr Werteprofil nach Möglichkeit auch mit anderen Personen – so erhalten Sie zusätzliche Perspektiven und damit letztendlich ein realistischeres Bild. Vielleicht führen Sie viel mutiger, als Sie selbst gedacht haben? Vielleicht hadern Sie mit Ihrer Selbstdisziplin nur deshalb, weil Sie extrem hohe Ansprüche an sich selbst stellen? Sogenannte »Fremdbilder« können Ihrem Selbstbewusstsein als Manager sehr guttun – manchmal bergen die Einschätzungen außenstehender Personen aber auch die Gefahr, ein Selbstbild zu sehr nach unten zu korrigieren.

Heilsame Einsichten

In einem Workshop wurden Mitarbeiter gebeten, sich so im Raum aufzustellen, dass sie sich in Bezug auf ihren Vorgesetzten gut platziert fühlten. Der Manager ging davon aus, dass sich »alle in gesundem Abstand um mich drängen« würden. Die Realität aber sah anders aus: Die Mitarbeiter suchten im wahrsten Sinn des Wortes das Weite und platzierten sich in den äußersten Winkeln des Raums. Für den Manager war das ein großer Schock – schmerzhaft und heilsam zugleich. Denn er startete anschließend ein längeres Coaching, in dem er die Werte Vertrauen und Menschlichkeit intensiv reflektieren und schließlich in seinen Berufsalltag integrieren konnte.

Werte vorleben

Die größte Herausforderung für jede Führungskraft ist es, sich selbst zu führen. Denn wenn Sie wollen, dass Ihr Team sich an bestimmten

Werten orientiert und verantwortlich handelt, tun Sie gut daran, sich selbst an genau diesen Werten zu orientieren. Denn so entstehen insbesondere Disziplin, Vertrauen und vor allem Glaubwürdigkeit wie von selbst.

Niemand verlangt, dass Ihnen dies vom ersten Tag an perfekt gelingt. Wenn Sie gerade erst die Rolle der Führungskraft übernommen haben, ist es völlig normal, dass Ihnen diese Schuhe anfangs noch zu groß sind und Sie erst langsam in sie hineinwachsen. Das ist eine große Herausforderung: Sie müssen Ihre neue Rolle rational verstehen, emotional ausfüllen und konsistent leben. Gleichzeitig gilt es, sich einerseits nicht niederdrücken zu lassen von dem Joch der Verantwortung, das an dieser Rolle hängt, und sich andererseits nicht zu einem Höhenflug Richtung Heldenhimmel verführen zu lassen.

Führung ohne Heldensockel

Die Macht, die Manager haben, ist immer nur geliehen. Das Gleiche gilt für Annehmlichkeiten wie die Rundumbetreuung durch Assistenten oder hohen Reisekomfort, was für manche Manager zu einer Statusfalle werden kann: Sie lassen sich von der Macht der Möglichkeiten verführen und vergessen sich dabei selbst.

Wirklich erfolgreiche Führungskräfte – und so stellen wir uns eine Führung nach dem Hannibal-Prinzip vor – konzentrieren sich nicht auf ihren (vermeintlichen) Heldensockel, sondern auf ihr eigenes Wertefundament. Gelegentlich nehmen sie die Rolle der herausragenden Führungsfigur sogar an – aber nicht, um allein im Scheinwerferlicht zu glänzen, sondern um eine bestimmte Botschaft zu transportieren. Diese Botschaft muss nicht unbedingt immer ihre eigene Vision sein – es kann auch eine Idee sein, die an oder mit der Basis entstanden ist.

Im nächsten Schritt verwandeln solche Führungskräfte ihr gesamtes Team in Helden, die sich eigenständig für diese Idee einsetzen. Sobald dies gelungen ist, steigen sie gelassen vom Heldensockel ab. Sie brauchen ihn nicht. Vielleicht ist das genau der Grund, warum sie aus jedem Einsatz stärker und glänzender hervorgehen. Nach meinem, Joachim Franz' Verständnis, bedeutet Führen: *die Heldenrolle übernehmen, die Mission anzustoßen, dann aber die Heldenrolle abzugeben und auf alle zu übertragen.*

Es gilt also beides:

Führen heißt vorangehen: Die Führungskraft muss wissen, wohin es gehen soll, und die anderen mitnehmen. Im Idealfall ist sie von Überzeugungen beseelt und damit der entscheidende Antriebsfaktor für den erfolgreichen Weg. Sie übernimmt gelegentlich die Heldenrolle, bleibt aber immer ein Held unter vielen.

Führen heißt aber auch, hinter den Menschen zu gehen: Die Führungskraft gibt Impulse, vertraut gleichzeitig aber auch der Intelligenz und der Selbststeuerung des komplexen Systems, in das sie selbst eingebunden ist. Sie versteht es, Helden zu vernetzen.

Werte als moderne Wegweiser

Die neuen Heldengeschichten der Wirtschaftswelt werden ohnehin über Netzwerke geschrieben. Netzwerke leben davon, dass jeder vorbehaltlos Informationen bekommt und alle mit hohem Einsatz »am Ball« sind. Voraussetzung ist, dass alle mitdenken (Intelligenz) und mitmachen (Disziplin), dass niemand ausgegrenzt oder ausgebeutet wird (Menschlichkeit), dass niemand betrügt oder Informationen vorenthält (Vertrauen) und dass Prozesse unabhängig von formalen Hierarchien auch an ungewöhnlichen Ketten entlanglaufen (Mut). Je mehr es einzelnen Personen gelingt, nach diesen Werten zu handeln, desto höher ist ihre Glaubwürdigkeit – und damit ihre Reputation im Netzwerk. Und je mehr Personen sich insgesamt nach diesen Werten richten, desto größer gestalten sich die gemeinsam erreichten Erfolge.

Mutig führen, menschlich bleiben

Führung ist keine geheime Wissenschaft und keine Zauberei, und Sie brauchen auch kein besonderes »Führungsgen«, um ein guter Manager zu sein. Wenn Sie sich als Führungskraft auf klare und einfache Werte konzentrieren und bereit sind, sich selbst ehrlich daran zu messen, wird es Ihnen gelingen, mutig zu führen und gleichzeitig Mensch zu bleiben.

Wir sind überzeugt: Sie haben alles, was es braucht, um eine gute Führungskraft zu werden. (Wenn Sie sich denn aufgerufen fühlen! Nicht jeder muss oder kann eine Karriere als Führungskraft einschlagen.) Wenn Sie Ihre eigenen Werte nicht nur erkennen, sondern auch leben, und sich öffnen für die Werte anderer, werden Sie auch Fähigkeiten in sich entdecken, andere zu führen und mit anderen zu kooperieren. Und zwar auf Ihre ganz eigene Art und Weise. Dazu nun einige Beispiele entlang unserer Werte:

Mut

Manchen Managern mangelt es an Mut – vor allem, wenn sie in Unternehmen arbeiten, in denen jedes Abweichen vom vorgeschriebenen Weg abgestraft wird, oder in Unternehmen, in denen nicht in Spannungsfeldern, sondern in starren Richtig-oder-falsch-Mustern gedacht wird. Hier braucht es Mut, zunächst anders zu denken und dann anders zu handeln:

Eine Gruppe von Führungskräften lag mit ihrem Chef im Clinch. Ein Manager unter ihnen identifizierte sich besonders stark mit dem Wert Mut, rief alle zu einer Palastrevolution gegen den Vorgesetzten auf. Zunächst waren alle dafür. Als ich detailliert nachfragte, wurden Bedenken und Ängste in Bezug auf Beruf und Privatleben erkennbar. Lediglich der rebellierende Manager war bereit, mit den möglichen Konsequenzen zu leben. Die anderen zeigten weniger Mut, dachten aber auch in komplexeren Dimensionen als lediglich »Revolution« oder »keine Revolution«. Schließlich wurde eine Lösung gefunden, die mutig und intelligent zugleich war und von allen gemeinsam getragen werden konnte.

Mut heißt	Mut heißt nicht
Leistung zeigen	Leistung verlangen
Risiken eingehen	Risiken abwälzen
Konsequenzen tragen	Sich aus der Affäre ziehen und Versager identifizieren

Disziplin

Disziplin heißt im Führungsalltag, das notwendige Maß an Regeln und Verbindlichkeit für alle transparent darzustellen. In einer leistungsbezogenen Umwelt müssen die Parameter nachvollziehbar sein und zu Konsequenzen führen. Doch viele Manager empfinden es als schwierige Aufgabe, das richtige Maß zu finden, wie streng sie mit ihren Mitarbeitern sein dürfen – oder mit welcher Strenge sie sogar auftreten müssen.

»Wir sind doch alle aufgeklärte und gebildete Menschen«, zeigte sich ein Manager in einem Coaching-Gespräch überzeugt. »Kooperation und Selbstverantwortung verstehen sich doch von selbst.« Grundsätzlich mag das stimmen, dennoch brauchen Mitarbeiter Orientierung darüber, was wie wann und von wem zu tun ist. Weil den Mitarbeitern in dieser Hinsicht die Orientierung fehlte, arbeiteten einige so, wie sie das selbst für sinnvoll hielten, andere arbeiteten nur, wenn ihnen der Arbeitsauftrag sinnvoll erschien, und wieder andere arbeiteten gar nicht beziehungsweise lehnten sich offen gegen ihren Vorgesetzten auf. Im Coaching suchte (und fand) der Manager das richtige Maß an Autorität, um die Energien in seinem Team in die richtige Richtung zu lenken.

Disziplin heißt	Disziplin heißt nicht
Regeln einhalten	Regeln aufstellen und selbst ignorieren
Nachvollziehbar Etappen kontrollieren	Unberechenbar schwanken zwischen Unerbittlichkeit und Laisser-faire
Ziele erreichen	Ziele proklamieren

Emotionale und formale Intelligenz verbinden sich für uns, wenn es darum geht, den Begriff der Intelligenz als ein Wert zu bestimmen. Hier summieren sich verschiedene Fähigkeiten und Qualitäten: Kann ich als Manager meine Leistungsträger inspirieren und ihnen eine Weiterentwicklung und eine Perspektive bieten? Schaffe ich es, schwächere Mitarbeiter zielführend einzusetzen, sodass diese sich als produktiv erleben? Plane ich vorausschauend, um meine Aktivitäten und Strategien zum Erfolg zu führen? Ist Nachhaltigkeit für mich eine Floskel oder ein Aufruf, mein Unternehmen zukunftsfähig, aber auch nachhaltig zu entwickeln?

Intelligenz braucht es nicht nur dazu, komplexe Aufgaben zu bewältigen, sondern auch, um monotone Abläufe interessanter zu gestalten. Vor dieser Herausforderung stehen viele Manager, wobei nur wenige offen darüber sprechen – vielleicht, weil sie den Wert ihrer Intelligenz in diesem Zusammenhang unterschätzen.

So zumindest ging es der Managerin eines Call-Centers. Sie litt selbst unter den immer gleichen Abläufen, die sie zu organisieren hatte. Als sie verstand, dass dies nicht nur eine Zumutung, sondern auch eine Herausforderung für sie als Führungskraft darstellte, gelang es ihr, die Situation deutlich zu entschärfen. Ihre Strategie: Sie versuchte nicht, die belastende Monotonie zu verschleiern (das wäre auch kaum möglich gewesen), sondern machte sie für alle zum Thema: »Wir haben hier einen Job, der für das Unternehmen immens wichtig ist, aber für uns manchmal zu einer Belastung wird. Wie können wir unsere Aufgaben interessanter gestalten?« Sie begann damit, geschickte Anreize für alle zu setzen, und forderte ihre Mitarbeiter auf, auch selbst Ideen einzubringen. So gelang es ihr schließlich, die Menschen über ihre emotionalen Bedürfnisse nach interessanter Arbeit zu erreichen.

Intelligenz heißt	Intelligenz heißt nicht
Vorausschauend planen	Sich immer vom Lauf der Dinge überraschen lassen
Umsichtig handeln	Wenn überhaupt, dann spontan in Aktion treten
Risiken abschätzen	Risiken ignorieren und/oder Risikobewertung grundsätzlich delegieren

Vertrauen

Der Faktor Vertrauen wird im Unternehmen oft verzerrt wahrgenommen. Einerseits sehen viele Manager es als selbstverständlich an, dass ihnen ihre Mitarbeiter vertrauen. Doch Vertrauen ist ein Wert, den man sich erarbeiten muss. Andererseits wagen es viele Führungskräfte nicht, ihren Kollegen und Mitarbeitern Vertrauen zu schenken. Archaische Vorstellungen von Kampf, Konkurrenz und Krieg sind in vielen Unternehmen immer noch sehr viel stärker ausgeprägt als die Idee der konstruktiven Kooperation. Das zeigt folgendes Beispiel:

»Aus der Hierarchie heraus betrachtet, geht mein Mitarbeiter doch gar kein Risiko ein, wenn er mir vertraut«, so eine Führungskraft im Coaching. »Ich jedoch sehe Risiken, wenn ich meinen Mitarbeitern zu sehr vertraue. Ich trage ja alle Konsequenzen!« Es fiel ihm schwer, Vertrauen innerhalb des Unternehmens wirklich zuzulassen, und er schützte sich selbst hinter freundschaftlichen Gesten, die oft nicht

mehr waren als Schauspielerei. Gleichzeitig wünschte er sich nichts mehr, als auch in seinem Beruf authentisch, menschlich – einfach er selbst – sein zu können. Während des Coachings lernte er – im kalkulierbaren Rahmen und bei ausgesuchten Personen –, Schritt für Schritt mehr Offenheit und damit Vertrauen entstehen zu lassen.

Vertrauen heißt	Vertrauen heißt nicht
Vertrauliche Informationen vertraulich behandeln	Sich anbiedern, um dann vertrauliche Informationen gegen eine Person zu verwenden
Aufgaben delegieren können	Unberechenbar kontrollieren und/oder Aufgaben wieder an sich reißen
Eigenverantwortung fördern	Keinesfalls Spielraum lassen; jede Entscheidung selbst treffen

Menschlichkeit

Vielen Führungskräften ist die Nähe zu ihren Mitarbeitern nicht angenehm – auch dies ist ein Thema, über das nicht gerne offen gesprochen wird. Hinter dieser Zurückhaltung steht die Angst, dass zu viel Menschlichkeit die Autorität unterhöhlen könnte. Gleichzeitig wissen die Manager, dass das Team die Nähe sucht und dass die Rede von »meinem tollen Team« im Kollegenkreis immer gut ankommt. Deshalb neigen etliche Führungskräfte beim Thema Menschlichkeit zur Überkompensation (und langweilen sich bei gemeinsamen Grillabenden) oder ringen sich unechte Gesten ab.

Ein Manager fand die »Geburtstagsmanie« seiner Abteilung schrecklich: Bunte Karten, Kaffee, Kuchen – das alles war ihm zuwider. Im Coaching verstand er, dass die Wertschätzung, die sich hinter den Geburtstagsgrüßen verbirgt, für seine Mitarbeiter sehr wichtig ist. Er lernte, dass er auf seine Weise diesen Bedürfnissen gerecht werden konnte, ohne sich verbiegen zu müssen. Seitdem schreibt er sehr persönliche Glückwunschkarten an seine »Geburtstagskinder«, nimmt aber nicht am Kaffeeklatsch teil. Seine Mitarbeiter reagierten sehr positiv auf die klare Entscheidung des Managers – und haben auch gar nichts gegen gemütliche Feierstunden ohne Chef.

Das Beispiel zeigt: Wenn Sie ein eher kühler und distanzierter Mensch sind, müssen Sie keine Kumpelei betreiben, um erfolgreich zu führen. Wichtig ist, dass Sie konsistent sind. Solange Sie Ihre Werte für sich annehmen, transparent machen und leben, wird Ihnen die Führung gelingen – ganz gleich, wie genau Sie das gestalten.

Menschlichkeit heißt	**Menschlichkeit heißt nicht**
Nähe zulassen, ohne aus der professionellen Rolle zu fallen	»Liebesbeweise« oder »Blutopfer« von den Mitarbeitern einfordern
Sich auf die Sache *und* auf die Person konzentrieren	Immer strikt unpersönlich handeln – es geht ja um die Sache
Individuelle Fähigkeiten, Bedürfnisse, Härten und Herausforderungen berücksichtigen	Besondere Rahmenbedingungen ignorieren – wozu haben die Mitarbeiter denn Disziplin?

2. Schritt: Der Manager als Werte-Coach

Den folgenden Schritt habe ich, Uwe Kuntz, in meinem Unternehmen konzipiert und realisiert – wobei ich meine Mitarbeiter zunächst ein wenig überrascht habe, dann aber gemeinsam mit ihnen entscheidende Entwicklungsschritte gegangen bin.

Grundsätzlich kann der Ablauf wie folgt aussehen: Die erste Reflexion zum Thema Werte führen Sie mit sich allein oder mit einem Coach unter vier Augen. Im nächsten Schritt geht es darum, werteorientiert zu führen. Das können Sie einfach so starten, von heute auf morgen. Sie können Ihre eigene Orientierung hin zu den Werten aber auch transparent machen – und beginnen, im Unternehmen über Werte zu sprechen. Dazu kann es verschiedene Anlässe geben:

Kennen lernen

Wenn Sie gerade ein neues Team oder eine neue Abteilung übernehmen, bietet es sich an, das gemeinsame Kennenlernen mit einer Diskussion über Werte zu verbinden. So kommen Sie sofort über die Small-Talk-Ebene hinaus, auf der ohnehin nichts Wesentliches ausgetauscht wird, Sie vermeiden redundanten Technik-Talk und gelangen gleich zu der Ebene, auf der Sie verstehen können, wie Ihre Mitarbeiter ticken und was sie wirklich antreibt.

Umgekehrt zeigen Sie sich Ihren Mitarbeitern mit großer Offenheit, wenn Sie gleich zu Beginn darlegen, welche Werte Ihnen im Job und im Leben wichtig sind. Gelingt das Gespräch, und erleben Ihre neuen Mitarbeiter Sie anschließend als jemanden, der nicht nur über Werte spricht, sondern auch danach handelt, können Sie in vergleichbar kurzer Zeit viel Glaubwürdigkeit hinzugewinnen.

Gleichzeitig haben Sie so bereits eine stabile Grundlage für zukünftige Gespräche geschaffen – insbesondere für solche, die als schwierig gelten.

Konflikte klären

Haben Sie mit einzelnen Mitarbeitern Konflikte zu klären, kann ein Gespräch über Werte einen sinnvollen Gesprächseinstieg darstellen. Denn bei den meisten Konflikten gibt es unter den vordergründigen Schwierigkeiten und Scharmützeln eine Meinungsverschiedenheit auf der Ebene der *Werte* – wobei oft verschiedene Werte in ein Problem hineinspielen können.

Beispielsweise liegt für mangelnde Motivation nicht immer der Grund in einem Disziplinproblem. Es kann auch – oder zusätzlich – sein, dass ein Mitarbeiter auf seiner Position unterfordert ist, aber keinen Mut aufbringt, sich beruflich weiterzuentwickeln. Vielleicht empfindet er auch seinen Vorgesetzten als despotisch (Faktor Menschlichkeit), als hinterhältig (Faktor Vertrauen) oder inkompetent (Faktor Intelligenz) und hat sich deshalb in die innere Emigration verabschiedet. In einem Gespräch über Werte können Sie dies ausloten, ohne ständig Schuldfragen verhandeln zu müssen.

Veränderungen managen

Change-Prozesse sind eng mit Grundsatzdebatten über die Leitlinien eines Unternehmens verknüpft – oft beginnt Change-Management genau mit dieser Diskussion. Hier ist es wichtig, nicht nur über die eigenen Wertvorstellungen zu sprechen, sondern auch eine Brücke zu schlagen zu den Werten und Zielen des Unternehmens.

Leitfaden für Einzelgespräche

Wichtige Change-Prozesse lassen sich gut durch Einzelgespräche mit Schlüsselpersonen starten. Dabei können Sie sich an einem Leitfaden orientieren, den ich, Uwe Kuntz, in der Praxis schon häufig und mit Erfolg eingesetzt habe.

1. Standortbestimmung

- Was treibt Sie an? Was motiviert Sie zu Ihrer Leistung?
- Was belastet Sie besonders?
- Was gefällt Ihnen an Ihrer Arbeit besonders gut?

Hier fragen Sie direkt nach den persönlichen Werten Ihrer Mitarbeiter. Lassen Sie sich von einer Vielzahl von Antworten überraschen – nicht alle werden Sie auf die Werte herunterbrechen können, die wir in diesem Buch vorstellen. Das ist völlig in Ordnung so, denn unsere »Hannibal-Werte« stellen eine Auswahl dar, die die lange Liste der möglichen Werte nicht vollständig abdecken kann und will. Sie sollten allerdings nachhaken, wenn Sie das Gefühl haben, Ihr Mitarbeiter versteckt sich hinter einer Floskel.

2. Veränderungsprozesse

- Was sollte verändert oder verbessert werden?

Diese Frage ist bewusst offen gehalten. Einige Mitarbeiter werden ihre Antworten aus dem ersten Fragenblock aufgreifen (»Was belastet Sie?«), etliche werden aber auch weit über ihre persönliche Situation hinaus und an den Erfolg des Unternehmens denken. Je nach Situation Ihres Unternehmens können Sie folgende Themen diskutieren:

- Arbeitsbedingungen
- Kommunikation und Information
- Kooperation im Team / im Unternehmen

- Zusammenarbeit mit dem Vorgesetzten
- Leistungsfähigkeit des Teams/Unternehmens
- persönliche Entwicklungsmöglichkeiten
- Nachhaltigkeit

3. Perspektive und Ziele

Welche Perspektiven und Ziele sehen Sie für

- das Unternehmen insgesamt?
- Ihr Geschäftsfeld / Ihren Bereich?
- Ihr Team?
- sich selbst?

Einerseits werden Sie hier auf messbare Ziele, wie bestimmte Umsatzgrößen, zu sprechen kommen, andererseits geht es auch hier wieder um Werte. Wenn Ihre Mitarbeiter innovative Produkte vorantreiben wollen, spielen Intelligenz und Mut eine Rolle. Geht es ihnen um Nachhaltigkeit, wirken im Hintergrund die Werte Vertrauen und Glaubwürdigkeit. Liegen den Mitarbeitern mehr Service und eine bessere Kundenorientierung am Herzen, wünschen sie sich im Grunde mehr Menschlichkeit.

In Ihren Gesprächen werden Sie möglicherweise die gleichen Entdeckungen machen wie ich:

Trotz gleicher Aufgabenstellungen und Funktionen gehen die Wertvorstellungen der Mitarbeiter weit auseinander. Aber wie sollen wir zukünftig gemeinsam erfolgreich sein, wenn nicht zumindest in wesentlichen Teilen übereinstimmende Wertvorstellungen uns im Team verbinden? Werte sollten nichts mit Hierarchiedenken zu tun haben: Nicht der Chef, nicht der ranghöhere Manager verfügt über die besten Wertvorstellungen, sondern wir alle gemeinsam. Daher war es für mich und mein Team sehr wichtig, dass wir uns in einem intensiven Dialog über unsere Wertvorstellungen austauschen.

Durch diesen Kommunikationsprozess ist es uns gelungen, eine stabilere Basis für zukünftige Aktivitäten zu entwickeln.

Veränderungsbereitschaft zeigt oft hierarchische Züge. Es können oft die Mitarbeiter sein, die auf einer niedrigeren Hierarchieebene stehen (und häufig zu den jüngeren zählen), die das Unternehmen und sich selbst verändern wollen. Je höher die Hierarchieebene, desto stärker können Positionen, Status und Strategien verteidigt werden. Lassen Sie sich von diesem Kampf um den Heldensockel nicht beeindrucken. Konzentrieren Sie sich auf das, was wirklich wichtig ist!

Bei aller Skepsis gerade zu Anfang unserer gemeinsamen Hannibal-Reise ist viel Positives geschehen, was uns dem Ziel, ein gutes gemeinsames Teamverständnis zu entwickeln, weiter gebracht hat.

Fallstricke

Wertekommunikation braucht einen geschützten Raum und Rahmen. Ist dies nicht gegeben, werden die Mitarbeiter nicht bereit sein, sich für dieses persönliche Thema zu öffnen. Über Werte kann man nicht zwischen Tür und Angel sprechen und auch nicht unter Zeit- und Leistungsdruck.

Was Sie brauchen, ist eine offene und zur Kreativität anregende Umgebung für den Workshop, die getragen ist von gegenseitiger Wertschätzung und Offenheit – wobei Letzteres ganz besonders für Sie als Führungskraft gilt. Sie sollten sich selbst gut hinterfragen, ob Sie bereit sind, sich wirklich unvoreingenommen auf dieses Thema einzulassen.

Im Vordergrund steht die gemeinsame Suche nach Werten. Geben Sie jedem Mitarbeiter den Freiraum, sich seinen persönlichen Werten anzunähern. Er muss sie nicht aus dem Stand formulieren können! Geben Sie lieber jedem Mitarbeiter die Aufgabe mit, darüber nachzudenken, und setzen Sie die Wertediskussion zu einem späteren Termin fort.

Wichtig: Denken Sie daran, auf Augenhöhe zu kommunizieren. Es handelt sich nicht um eine Verkaufsveranstaltung für besonders erfolgreiche Werte! Sie müssen auch niemanden überzeugen. Es geht lediglich darum, einen Reflexionsprozess anzustoßen. Im Idealfall entwickelt sich der Impuls so weiter, dass Sie mit mehr Erfolg (und weniger Mühe) Ihre Führungsfunktion ausfüllen, weil sich Ihre Mitarbeiter besser mit dem Unternehmen identifizieren und sich selbst erfolgreicher führen.

3. Schritt: Teams führen

Wenn Sie ein kleines Team führen oder in einem kleineren Unternehmen tätig sind, können Sie mit jedem Mitarbeiter einzeln sprechen. Sind Sie für große Bereiche oder ein größeres Unternehmen tätig, wählen Sie am besten Personen in Schlüsselpositionen über alle Hierarchien verteilt aus, um entweder mit jedem ein Einzelgespräch zu führen oder ein Gespräch in einer kleineren Gruppe zu initiieren.

Sind diese ersten Gespräche oder Gesprächsrunden getätigt, sollten wiederum die »Schlüsselpositionierten« die Aufgabe übernehmen, die Wertediskussion mit weiteren Gesprächsrunden in die Unternehmenstiefe zu tragen. Wichtig ist, dass am Ende eines solchen Werte- oder Reflexionsprozesses jeder Mitarbeiter das Gefühl hat, auch seine persönlichen Werte spielten eine Rolle.

Mit dieser Methode geben Sie praktisch die Verantwortung für den weiteren Ablauf der Wertegespräche in die Hände Ihrer Mitarbeiter. Wichtig dabei ist es, einen genauen *Weg* dieser Gespräche aufzuzeigen: Wer wird wann in den Verlauf einbezogen, wie werden diese Gespräche initiiert und, vor allem, wie werden sie dokumentiert?

> »Wenn über das Grundsätzliche
> keine Einigung besteht,
> ist es sinnlos,
> miteinander Pläne zu schmieden.«
>
> Konfuzius

Ein gutes Ergebnis haben Sie erreicht, wenn es Ihnen gelungen ist, die Gesprächsinhalte transparent für Ihr Gesamtunternehmen zu präsentieren. So bleiben die Inhalte nicht nur für alle sichtbar, sondern regen auch zu neuen Kommunikationsformen, zu weiteren Diskussionen und vor allem zum Nachdenken an.

Warum das wichtig ist, hat schon Konfuzius auf den Punkt gebracht.

Werte als Voraussetzung für erfolgreiche Teamarbeit

Ein Team, das sich auf den Weg macht, aber über keine gemeinsame emotionale und intellektuelle Basis verfügt, bricht schon in der ersten Krise auseinander. Die Auseinandersetzung mit Werten, ihre Klärung und ihre Definition sind der erste Baustein für eine erfolgreiche Teamentwicklung – und damit auch die Voraussetzung für erfolgreiche Führung. Denn ein derartiges, gemeinsames Wertesystem gibt der Gruppe nach innen und außen einen Zusammenhalt, der über die rein praktischen Leistungsschwerpunkte einzelner Teammitglieder hinausgeht.

Bringen Sie also Werte ins Spiel! Das ist der sinnstiftende Unterschied in der Teamkommunikation. Machen Sie sich darauf gefasst, dass Sie die Diskussion nicht steuern können und nicht in allen Punkten Übereinstimmung erzielt wird. Am Ende werden alle Teammitglieder wissen, dass Werte das Grundverständnis für die gemeinsame Arbeit darstellen. Sie als Führungskraft können dann bei Konflikten Werte einfordern – müssen sich aber umgekehrt auch selbst an diesen Werten messen lassen. Das ist gar nicht so leicht, wie es sich liest. Denken Sie einmal an Ihren eigenen Führungsalltag oder an andere Manager aus Ihrem Umfeld: Viele Manager handeln gegen die von ihnen deklarierten Werte – und machen dies (oft unbewusst) sogar zu ihrem Markenzeichen.

Impulse setzen

Mit Werten zu arbeiten heißt nie, in nur eine Richtung zu gehen. Ob es nun ein ganzes Unternehmen, eine Abteilung, ein Event oder eine Expedition betrifft, wir können diese nicht steuern wie eine Maschine. Wir können aber Impulse geben. Treffen solche Impulse auf ein Team, das eine gemeinsame Vorstellung hinsichtlich bestimmter Werte entwickelt hat, können sie weitere Impulse auslösen und letztendlich eine Wucht entwickeln, die Veränderungen und Fortschritte möglich macht.

Wie wichtig die Setzung von Impulsen ist, sehen wir auch an Hannibal: Die Organisation des Feldzugs war angesichts seiner Komplexität und der riesigen Menge an beteiligten Soldaten, die zudem aus verschiedenen Kulturen stammten, von Hannibal nicht en détail steuerbar. Durch die Festlegung der Strategie und die Vermittlung seiner Vision (Impulsgebung) konnte der Feldherr (der Manager) seinen Truppen (seinem Team) einen Ansporn geben, sich tatkräftig und von dem Sinn des Feldzugs überzeugt für die Zielerreichung (Veränderungen) einzusetzen.

Initialzündung Expedition

Unsere Passion ist es, mit ungewöhnlichen Initialzündungen besonders viel Veränderungsenergie auf einen Schlag auszulösen.

Warum? Weil sich auf diese Weise in sehr kurzer Zeit sehr viel bewegen lässt. Genau das suchen viele Unternehmen, die so tief in der Krise stecken, dass sie das Steuer hier und heute herumreißen müssen. Und das suchen auch Unternehmen, deren Mitarbeiter schon so viele Stunden in Impuls-Meetings gesessen haben, dass sie sich nur noch schwer bewegen lassen.

Um ein Unternehmen erfolgreicher zu führen, müssen Sie natürlich nicht zwingend auf einen 8 000er steigen. Mit Führung nach dem Hannibal-Prinzip meinen wir nicht *Führung plus Extremsport.* Uns geht es vielmehr darum, dass Sie bewusst aus Ihrer persönlichen Komfortzone als Führungskraft aussteigen, sich selbst herausfordern, sich schonungslos auf den Prüfstand stellen und dabei über sich selbst hinauswachsen – als ganzer Mensch, nicht nur als Führungskraft.

Die Berge und die Nacht, die Dunkelheit und das Schweigen können Ihnen dabei helfen, Ihr »altes Ego« abzustreifen und Ihre Grenzen so zu überschreiten, dass Sie wirklich in der Lage sind, neue Ideen und Visionen zu entwickeln. Nicht umsonst haben viele Manager Angst vor der Nacht: Hier herrschen die Träume (und Alpträume) und die Ohnmacht, in diesen Stunden nichts ändern zu können, keine Befehle geben zu können. Die Nacht hat ihre eigenen Gesetze!

Gegen den eigenen Biorhythmus sind sie dann zu nachtschlafender Zeit unterwegs, allein mit sich, aber in einem Team. Das reicht, um bei fast allen Teilnehmern unserer Expeditionen tiefere und sensiblere Gedanken auszulösen. Bei den einen drehen sie sich um Perspektiven für das eigene Team oder Unternehmen. Bei den anderen geht es zunächst um die Auseinandersetzung mit sich selbst, wobei dies eine wichtige Grundlage für unternehmerische Umdenkprozesse sein kann. Veränderung bringt immer Veränderung!

Kilimandscharo: Aufbruch zu Mut und Menschlichkeit

Der Gipfelanstieg am Kilimandscharo startete um Mitternacht. Ich, Uwe Kuntz, startete mit den übrigen Expeditionsteilnehmern, aber in dem Bewusstsein, nicht den Gipfel erreichen zu können. Meine Knieschmerzen setzten mir enge Grenzen: Nach rund eineinhalb Stunden Aufstieg musste ich zusammen mit einem weiteren Teilnehmer und einem Scout wieder absteigen. Danach lag ich – trotz des Abbruchs zufrieden und glücklich – hellwach im sehr kalten Zelt und lauschte. Kommen die Teammitglieder zurück? Wie viele Gipfelstürmer waren umgekehrt?

Irgendwann realisierte ich, dass mein Freund in eisiger, windiger Kälte vor unserem gemeinsamen Zelt saß – am Ende seiner Kräfte, ohne Orientierung, kaum ansprechbar. Mit viel guten Worten und etwas sanfter Gewalt habe ich ihn ins Zelt gezerrt, ihm die Schuhe aus- und den Schlafsack angezogen und ihm etwas zu trinken gegeben. Er sah wirklich schlecht aus, ich hatte Sorge um ihn und machte mir Vorwürfe, weil ich es gewesen war, der ihn zur Mitreise überredet hatte. Ich glaube, wäre ich nicht im Zelt gewesen, er wäre uns in dieser Nacht zusammengebrochen. Hier und jetzt wurde mir klar, wie überlebensnotwendig es sein kann, Verantwortung zu übernehmen und beherzt zu helfen.

Auch im Unternehmensalltag kommt es immer wieder vor, dass Kollegen und Mitarbeiter in existenzielle Krisen geraten. Hier gilt es, die Managerrolle fallen zu lassen, die Ärmel hochzukrempeln und den Betroffenen aus der Kälte und der Einsamkeit in die Gemeinschaft zurückzuholen.

Eine weitere Grenzerfahrung gab mir zu denken: Der Aufstieg an der Barranco Wall. Der Anstieg stellte zunächst nur eine körperliche Herausforderung dar. Stufe um Stufe, Weggabelung um Weggabelung – doch plötzlich eine Felswand mitten auf dem Weg.

Es blieb uns nichts anderes übrig, als mit den Händen um diesen Felsen herumzugreifen, dann den rechten Fuß um ihn herumzuführen, für einige Sekunden zwischen zwei Berghälften zu stehen – 400 Meter über dem Abgrund. Jetzt nicht wanken, nicht zurücktreten, sondern entschlossen auch das linke Bein und den ganzen Körper um die Felswand herum führen! Hätte ich länger überlegt, wären mir Zweifel an meinen Möglichkeiten gekommen, dann hätte mir der Mut gefehlt.

Dabei war es nur ein Schritt, und zwar einer, den ich beim Klettertraining vor der Expedition trainiert hatte. Das zeigte mir: Bei einer schwierigen Herausforderung ist es immer besser, sich auf die Aufgabe selbst zu konzentrieren, und nicht auf das Risiko, das man in diesem Augenblick ohnehin nicht mehr ausschalten kann (die 400 Meter unter mir). Ein Teilnehmer brachte es auf den Punkt:

»Es ist alles eine Sache des Kopfes.«

Verdun: Eine Frage der Disziplin

Bei unserer gemeinsamen Nacht- und Irrwanderung über die Schlachtfelder von Verdun stellte sich bei den meisten Teilnehmern vor allem die Disziplin-Frage (»Warum breche ich nicht einfach ab?«), die mit ausgelöst wurde durch den Eindruck der endlosen Gräberreihen (»Warum sind diese Männer in den Tod gegangen?«). Interessanterweise war Disziplin auch innerhalb des Seminars am folgenden Tag der Wert, um den am meisten gerungen und der dann zur Grundlage des gesamten Change-Prozesses wurde.

Auf keinem der Wertezettel, die die Teilnehmer abgaben, fand sich aber der Begriff Disziplin wieder! Warum? Weil niemand es als diszipliniert empfand, sich durchzukämpfen, denn zu diesem Zeitpunkt war das Verständnis für das Hannibal-Prinzip noch nicht vorhanden. Also ging es erst einmal darum, ein gemeinsames Verständnis für diesen Prozess zu erarbeiten.

Am Folgetag aber wollten einige Teilnehmer nachbessern und Disziplin als einen der Werte-Oberbegriffe notiert sehen. Die durch diesen Vorschlag ausgelöste intensive Diskussion hatte wiederum zur Folge, dass das gesamte Team den Begriff Disziplin neu betrachtete und eine einheitliche Definition vornahm. Danach legte das Team eine unglaubliche Disziplin an den Tag und übertraf das angestrebte Seminarziel weit.

Brocken: Aufstieg der nächsten Generation

Auch die Teilnehmer der Brocken-Expedition stapften bei Nacht und Schnee auf den Gipfel. Hier lösten nicht nur Schweigen und Dunkelheit kreative Denkprozesse aus, sondern auch die besondere Zusammenstellung des Teams: Der Vorstand hatte Schlüsselpersonen der jüngeren Managergeneration ausgewählt, um diese auf dem Gipfel des Brocken nach ihrer Vision für das Unternehmen zu fragen. Letztendlich ging es für die Teilnehmer also nicht nur um die Entwicklung der Firma, sondern auch um einen symbolischen Akt der Anerkennung durch die Führungsspitze und um ihre eigene Zukunft in der Firma. Der Zusammenhalt der jungen Führungskräfte und das in sie gesetzte Vertrauen haben jeden Einzelnen zu einem Teil der formulierten Vision werden lassen und eine neue Qualität der Identifizierung ausgelöst. Das war es, was die besondere Energie dieses Events auslöste und auch zu besonderen Ergebnissen führte: Es gelang den Teilnehmern, die aktuelle politische Diskussion um nachhaltiges Wirtschaften und CO_2-neutrale Produktion mit den Geschäftsfeldern des Unternehmens so zu verknüpfen, dass eine überzeugende Vision für die Positionierung des Unternehmens im Jahr 2020 entstand. (Dass sich darüber hinaus noch fünf Teilnehmer spontan zusammenfanden, um gemeinsam an ihrem ersten New-York-Marathon teilzunehmen, zeigt, dass die jungen Manager während des Seminars nicht nur überzeugt waren, die Firma bewegen zu können, sondern auch sich selbst.)

Outdoor-Events sind sicherlich nicht immer und nicht für jeden das richtige Mittel, um eine Wertediskussion in Gang zu bringen. Wenn es die Rahmenbedingungen aber zulassen, steigern die damit einhergehenden Grenzerfahrungen den Prozess allerdings in einem solchen Maß, dass sich das Risiko einer derartigen »Zumutung« für die Mitarbeiter lohnen kann.

Impuls via Vortrag

Häufig fehlen Zeit und Budget für abenteuerliche Unternehmungen – doch eine fruchtbare Kommunikation kann auch ohne Bergstiefel stattfinden: Mit einem Impulsvortrag, optimal in einen laufenden Prozess eingebunden und an der richtigen Stelle platziert, lassen sich Menschen jeden Alters und jeder Position anregen.

Ob Sie als Referenten einen Extremsportler auswählen, einen Wissenschaftler, einen Geistlichen oder den Trainer einer Fußballmannschaft, hängt ganz davon ab, wen und was Sie bewegen möchten (und natürlich auch von Ihrem Budget). Schauen Sie bei der Auswahl weniger auf die darstellerischen Qualitäten und mehr auf die Werte, die Ihr Referent authentisch verkörpert. Was wirkt, sind Leidenschaft und Glaubwürdigkeit – alles andere ist nur Oberfläche und bestenfalls gute Schauspielkunst, eintrainiert und einstudiert. Aber ohne authentische Selbsterfahrung und damit ohne eigene Sinnstiftung.

Diskussion in der Gruppe

Einen Reflexionsprozess über Werte können Sie auch auslösen, indem Sie Kleingruppen beauftragen, bestimmte Werte zu erarbeiten. Damit erreichen Sie dreierlei: Sie stoßen bei jedem einzelnen Mitarbeiter einen Reflexionsprozess über Werte an, Sie bringen Ihr Team zusammen, und Sie schaffen einen fruchtbaren Boden für Ihren persönlichen Führungsstil.

Es empfiehlt sich, die Kleingruppen so zusammenzustellen, dass einzelne Personen an ihren persönlichen, neuralgischen Punkten gefordert werden und zusätzlich dass solche Kollegen zusammenarbeiten, zwischen denen es offene oder verdeckte Konflikte gibt.

Hintergrund: Wenn Mitarbeiter mit einem Vorgesetzten oder einem Kollegen Probleme haben, weist das oft auf ihre eigenen Schattenseiten hin – und damit auf die Werte, mit denen sie persönlich hadern. Solange sie sich nicht bewusst mit diesen Werten auseinandersetzen, können Sie sie nur in projizierter Form wahrnehmen, als »Macke« Ihres Gegenübers. Eine bewusste Reflexion des eigenen »Schattens« ermöglicht jedoch die Integration dieses Teils der Persönlichkeit – so zumindest sieht es der Schweizer Psychoanalytiker Carl Gustav Jung (1875–1961), auf den das Schattenkonzept zurückgeht.

Das Ziel ist die Verankerung des gemeinsamen Tuns auf der sicheren Basis von grundlegenden Werten. Wurden diese bestimmt, benannt und besprochen, dienen sie als innerer roter Faden und festigen, stärken und gestalten das Handeln jedes Einzelnen und der Gruppe.

4. Schritt: Unternehmen verändern

Wenn Sie vor der Aufgabe stehen, einen Unternehmensbereich oder ein gesamtes Unternehmen zu verändern, müssen Sie ein System zunächst gezielt destabilisieren, durch eine Krise hindurchführen und in einem neuen, verbesserten Zustand wieder stabilisieren. *Ein solcher Prozess ergibt sich niemals von selbst*: Alle Systeme (Organisationen, Unternehmen, Menschen usw.) tendieren zu stabilen Zuständen, zu stabilen Ordnungen, sie besitzen zudem eine inhärente systemische *Abneigung* gegen Instabilität.

Das ist der theoretische Hintergrund für unsere Hannibal-Expeditionen und -Seminare: Wir planen und inszenieren solche krisenhaften Szenarien, um wesentliche Entwicklungen zu ermöglichen. Dies kann den Einzelnen betreffen, es kann Teams betreffen (neu formierte genauso wie alte, lang kooperierende Gruppen von Menschen) oder auch größere Einheiten.

Change-Management als Heldenreise

Dabei geben wir dem »Ruf« aus der Campbellschen Heldenreise einen besonderen Rahmen, der ganz unterschiedlich aussehen kann:

- Wir lösen Energie aus, indem wir den Teammitgliedern erklären, warum gerade sie ausgewählt worden sind (Beispiel Expertengipfel Brocken).
- Wir bringen ein Team dazu, aus sich selbst heraus neue Erkenntnisse zu entwickeln (Beispiel Verdun).
- Wir führen einzelne Teilnehmer zu persönlichen Grenzerfahrungen (Beispiel Kilimandscharo).

- Wir machen betroffen, indem wir bestimmte Fakten oder Zusammenhänge darstellen, die den Teilnehmern bislang nicht bewusst waren (Beispiel HIV/Aids-Aufklärung).
- Manchmal stellen wir auch die *Vision* eines Einzelnen vor (Beispiel Start-up oder Investition in völlig neue Felder).

Die Erfahrung hat uns gezeigt, dass jeder Change-Management-Prozess ähnlich abläuft wie eine Heldenreise im Sinne Campbells:

1. Aufbruch: Marsch des Schweigens Wenn ein Team zum Beispiel mit schlechten Ergebnissen konfrontiert wird, fällt es häufig zunächst in eine Art Schockstarre. Es herrscht betretenes Schweigen.

2. Prüfung: Aufkeimender Widerstand Dann geht der »Flurfunk« auf Sendung. Je weniger Information vorhanden ist, desto wilder wuchert die Spekulation. Erste Kleingruppen formieren sich zu Widerständlern. Manche rebellieren offen, andere ziehen sich in den passiven Widerstand zurück.

3. Transformation: Scheitern und weitergehen Jetzt gilt es, das Steuer herumzureißen. Manchmal spielt ein einzelner Manager dabei die zentrale Rolle: Er will Neues beginnen, er hat den Mut, sich auf schwierigem Gelände zu bewegen, und die Disziplin, durchzuhalten, auch wenn das anvisierte Ziel nicht sicher ist.

Manchmal geht die notwendige Change-Energie auch von der Basis aus: Das Team rauft sich zusammen, prüft die Risiken, plant die Etappen, macht die eigenen Leistungen transparent – und schafft die Wende.

Dabei ist es wichtig, das ursprünglich angepeilte Ziel bei Bedarf zu verändern und sich nicht vom Gipfel verführen zu lassen – denn der Gipfel ist nur eine kleine Etappe des Weges.

> »Ich steige nicht,
> um auf den Gipfel zu kommen,
> ich komme auf den Gipfel,
> nachdem ich gestiegen bin.«
>
> Reinhold Messner

Bei den notwendigen Transformationsprozessen des Wandels müssen Manager und Teams bewusst Leistungseinbrüche in Kauf nehmen. In der Phase der Instabilität verringert sich – zunächst vorübergehend – die Handlungsfähigkeit des Systems, weil neue Anforderungen geklärt werden müssen, ohne dass schon alle Facetten der Lösung wirklich bekannt sind. Change-Manager steuern durch maximale Transparenz; sie schaffen ein Klima, in dem die Messung von Leistungen und dic Kontrolle von Prozessen selbstverständlich sind.

4. Rückkehr: Mut zur Veränderung Es ist für den Zusammenhalt des Teams entscheidend, Erfolge zu kontrollieren und entsprechend zu würdigen – und zwar auch dann, wenn das ursprünglich angepeilte Ziel nicht ganz erreicht oder auf einem anderen Weg erreicht wurde als gedacht. Dann gilt es, die erzielten Veränderungen nachhaltig im Unternehmensalltag zu verankern – und sich auf den nächsten »Ruf« gefasst zu machen.

Die Suche nach Neuem treibt an

Sicherlich ist nicht jede Führungskraft mit großer Begeisterung permanent und unermüdlich auf der Suche nach neuen Lösungen, Erfahrungen und Erlebnissen – und deshalb verhallen viele »Rufe« auch ungehört. Schließlich sind Stabilität und Sicherheit vertraute Partner in einer etablierten Gemeinschaft. Aber ohne die Suche nach dem Neuen, nach Verbesserungen fehlt die Triebfeder für Weiterentwicklung.

Daher ist im Management jeden Tag aufs Neue die Fähigkeit gefragt, Balance zu halten zwischen Stabilität und Veränderungen. Der Aufbruch ins Unbekannte erfordert Intelligenz und Information, aber auch den Mut, überhaupt den ersten Schritt zu machen und sich gegen das eigene und das teambezogene Beharrungsverhalten zu stemmen.

Einerseits beinhalten Veränderungen bei Prozessen, Produkten, Geschäftsausrichtungen immer und grundsätzlich eine kritische Komponente, weil Sie unter Rechtfertigungsdruck geraten (»Bringt das was?«), ohne diese Frage von vornherein tatsächlich beantworten zu können.

Andererseits beinhaltet Führung sogar die Verantwortung – geradezu die Verpflichtung –, das eigene System frühzeitig und angemessen zu destabilisieren, das heißt: bevor die sich schnell wandelnden Rahmenbedingungen dies ohnehin erzwingen.

Eine wesentliche Rolle spielt an dieser Stelle die Persönlichkeit des Führenden: Er soll die unternehmerische Vision und die eigenen Werte in den Vordergrund stellen, nicht den persönlichen Erfolg. Wenn Sie für Ihre Vision mit echter Begeisterung einstehen und Ihre Veränderungsbereitschaft kraftvoll vorleben, können Sie Ihr Team mitnehmen auf einen Weg, den auch Sie noch nicht en détail kennen, der Sie aber fasziniert.

»Faszination ist wohl die unerschöpflichste und positivste Kraftquelle menschlicher Kreativität und Veränderungsbereitschaft. Sie besteht im Kern aus einer Mischung von Irritation und Neugier«, formuliert der Organisationspsychologe Peter Kruse.

Empfehlungen für ein erfolgreiches Change-Management

Querdenken fördern Eine intensive Wertediskussion bildet einen sehr guten Einstieg in eine Debatte, die weg von den üblichen Fachfragen führt und einen Bereich wirklich weiterbringen kann. Darüber hinaus ist es sinnvoll, möglichst solche Personen in Change-Prozesse einzubinden, die aus unterschiedlichen Hierarchieebenen kommen, die verschiedenen Generationen angehören und über möglichst unterschiedliche Erfahrungen verfügen. Warum nicht auch über Erfahrung aus anderen Branchen? Eine Bank zum Beispiel kann durchaus die Erfahrungen einer Gastronomiekette nutzen, wenn es um die Themen Service und Kundenorientierung geht.

Visionen entwickeln Hat man sich über bestimmte Werte als gemeinsame Basis der zukünftigen Weiterentwicklung verständigt, dann sollte es einem Team auch leicht gelingen, eine gemeinsame Vision für die zukünftigen Perspektiven zu entwickeln. Auch das Erreichen von Zwischenetappen gelingt leichter, wenn sich alle Teammitglieder in der Vision wiederfinden, die sie gemeinsam erarbeitet haben.

Expertenwissen vernetzen Wenn jeder Mitarbeiter Vertrauen in jedes einzelne Teammitglied setzt, kann ein Unternehmen die Wissensbasis aller für alle nutzbar machen. Mit den geeigneten Kommunikationsmedien und auf Basis einer vertrauensvollen Delegation kann so ein immens großer Pool an Wissen entstehen, der schnelles Arbeiten an komplexen Fragestellungen ermöglicht.

Mitarbeiter einbinden Aktiv an Change-Prozessen beteiligte Mitarbeiter erzeugen eine enorme Motivation im Unternehmen. Dabei gilt: Je besser verschiedene Hierarchieebenen und Unternehmensbereiche eingebunden werden und je effektiver die gemeinsame Kommunikation gelingt, desto schneller und nachhaltiger der Wandel.

Erfolge und Initiativen veröffentlichen Nichts ist schöner, als bei einem Erfolg dabei gewesen zu sein; das gilt für gemeinsam erstürmte Gipfel, die auf Fotos gebannt werden, genauso wie für Vertriebserfolge, die man mit PowerPoint-Kurven farbig präsentiert. Dieser Effekt lässt sich nutzen: Zeigen Sie die besten Teams! Eine gesunde interne Konkurrenz führt zu besseren Leistungen. (Dabei ist allerdings Fingerspitzengefühl gefragt: Zu viel Showgeschäft verdirbt die Leistungsbereitschaft.)

Kopf schlägt Kapital

Die Wirtschaftsgeschichte ist voll von *Hannibal*-Heldengeschichten – von kleinen Unternehmen, die mit ihren Innovationen und neuen Produkten *Rom* bezwingen konnten: Mit dabei sind Firmen wie Apple, Microsoft, Nokia, Coca-Cola, Ryan Air oder Google, die alle klein anfingen und mit einem besonderen Produkt einen besonderen Weg gegangen sind.

Worin aber besteht ihre eigentliche Stärke? Sind es die Produkte, die Prozesse, die Ideen? Wir sind überzeugt: Es ist die innere Haltung der Gründer und der Teams. Sie hatten eine Idee (Intelligenz), glaubten daran (Mut), arbeiteten hart (Disziplin) und gemeinsam (Vertrauen), hatten den Nutzen für andere fest im Blick (auch Kundenorientierung ist ein Aspekt des Wertes Menschlichkeit) und erreichten damit große Erfolge.

Es sind bis heute erfolgreich und mutig geführte Unternehmen – ob die entsprechenden Führungskräfte immer auch menschlich geblieben sind, können wir nicht mit Sicherheit sagen. Wir sind aber überzeugt davon, dass es die am Wert Menschlichkeit orientierten Unternehmen sind, die *die* Herausforderung dieses Jahrtausends bewältigen werden: Nachhaltigkeit. Mit diesem Thema befassen wir uns im abschließenden Kapitel.

Kapitel 5

Ausblick: In Zukunft nachhaltig

Sie haben eine Tour de Force überstanden: Wir haben Sie mitgenommen auf eine Zeitreise, die uns mehr als 2000 Jahre zurück in die Vergangenheit geführt hat, Sie haben uns bei einer Kilimandscharobesteigung begleitet, sind bei Nacht und Schnee auf den Brocken gestapft und in Dunkelheit und Regen über die Schlachtfelder von Verdun – aber das reicht noch nicht. Wir haben nichts gewonnen, wenn wir uns mit großen Helden befassen und auf hohe Berge steigen, aber aus den Begegnungen mit dem Extremen und Erhabenen keine Erkenntnisse ableiten. In diesem Kapitel versuchen wir deshalb, noch einen Schritt weiterzugehen und unseren Blick noch mehr auf das zu lenken, was wirklich wichtig ist.

Sich selbst verändern

Das, was uns wirklich bewegt, sind weder Helden noch Berge, sondern die authentische und konsequente Auseinandersetzung mit den Werten Mut, Disziplin, Intelligenz, Vertrauen, Menschlichkeit – und als Summe daraus: Glaubwürdigkeit.

Wir sind überzeugt davon, dass Glaubwürdigkeit nachhaltiges Handeln mit sich bringt und umgekehrt. Für uns sind Glaubwürdigkeit und Nachhaltigkeit wie eineiige Zwillinge. Warum, ist leicht erklärt:

Stellen Sie sich vor, Sie seien Unternehmerin oder Unternehmer und setzten sich intensiv mit Werten auseinander: Was finden Sie richtig? Was wichtig? Sie leben auch konsequent nach diesen Werten – und zwar im Unternehmen genauso wie in Ihrem Privatleben. Sie sind auf ganzer Linie integer und genießen eine hohe Glaubwürdigkeit. Würden Sie als ein Mensch von diesem Format zustimmen, illegal Chemikalien in das Abwasser zu leiten? Würden Sie es zulassen, dass Asiatinnen für einen Hungerlohn und bis zur Erschöpfung in der Textilindustrie arbeiten, während ihre Kinder unter den Webstühlen schlafen? Natürlich nicht!

Eine intensive Werte-Reflexion gibt Ihnen einen inneren Kompass, der Ihr unternehmerisches Handeln nachhaltig verändern wird. Denn jede Ihrer Entscheidungen wird von diesem Kompass gesteuert.

Dabei können die einzelnen Werte temporär einen unterschiedlichen Stellenwert einnehmen: Je nach Situation müssen Sie als Führungskraft Disziplin, Intelligenz oder auch einen der anderen Werte voranstellen, um an Ihr gewünschtes Ziel zu kommen. Die Balance zwischen den Werten, eines der Grundprinzipien der Nachhaltigkeit, wird für Führungskräfte in Zukunft immer erfolgsentscheidender werden.

Aber was ist Erfolg? Wir sind überzeugt davon, dass in Zukunft immer mehr Menschen die Suche nach Status durch eine Suche nach Sinn ersetzen werden. Denn mehr Umsatz, mehr Rendite, ein höheres Gehalt, ein größerer Firmenwagen tragen den Menschen nicht nachhaltig.

Das stellen nicht nur diejenigen fest, die in ihrem Leben von einem Erfolg zum nächsten Erfolg eilen, sondern auch die, die plötzlich vor dem Nichts stehen. Und das werden immer mehr: Die Welt der Wirtschaft wird immer anfälliger für Krisen – einmal bricht die Börse zusammen, einmal bricht ein Vulkan aus –, und dann liegt alles brach. Die zunehmende Komplexität der Wirtschaft führt auch zu ihrer immer größeren Fragilität – und lässt das Scheitern damit für immer mehr Manager und Mitarbeiter zur Normalität werden. Mit dieser Herausforderung (die viele als Zumutung empfinden) können wir nur fertig werden, wenn wir uns nicht an vordergründigem Erfolg festhalten, sondern auf die größeren Zusammenhänge in der Welt schauen und darauf achten, wie wir selbst unseren Blick erweitern und persönlich wachsen können.

Wenn es uns gelingt, anders zu denken, werden wir auch automatisch anders handeln: überlegter, nachhaltiger. Und zwar nicht nur in unserem »kleinen« Unternehmen, sondern mit Blick auf die gesamte Welt. Je mehr Menschen dies gelingt, desto mehr entsteht eine neue Kultur in Wirtschaft und Gesellschaft, die sich auf neuen Wertesystemen gründet.

Unternehmen umsteuern

Führungskräfte, die ihr Handeln auf Werte stützen, steuern ihre Unternehmen gleichsam automatisch in eine Zukunft mit »besserer Arbeit«. Sie übernehmen soziale Verantwortung gegenüber Mitarbeitern und sorgen dafür, dass Mitarbeiter auch fair miteinander umgehen.

Das gelingt ihnen durch den *Abschied von falschen Helden*. Genau das ist unser Traum: Stellen Sie sich ein Unternehmen vor, in dem es kein Gerangel um die besten Plätze für persönliche Heldensockel gibt. In dem nicht gemobbt wird, in dem keine Intrigen stattfinden – in dem also keine Ressourcen verschwendet werden. Solange sich Menschen um Kleinigkeiten streiten, können sie keine großen Probleme lösen – dabei gibt es in der Welt derzeit genug Probleme im Großformat, die dringend gelöst werden müssten.

Werteorientierte Führung konzentriert die Energie der Mitarbeiter auf die Arbeit an der gemeinsamen Aufgabe – letztendlich am

Sinn, der hinter der Arbeit steht. Damit kann sie den Blick weg von den Rangeleien um die kleinen persönlichen Vorteile lenken und Begeisterung auslösen für eine unternehmerische Utopie, die nachhaltig trägt und global wirksam wird.

Es ist kein einfacher Weg, in einem durchstrukturierten Unternehmen mit einer funktionierenden Gesamtstrategie neben guten Erfolgen im Kundengeschäft und guten Geschäftsergebnissen eine völlig neue Sichtweise hinsichtlich der Gesamtausrichtung des Unternehmens einzuführen – dazu braucht es ein starkes Wertekorsett seitens der Führungskräfte:

Mut Nachhaltigkeit ist schnell formuliert. Sie wirklich glaubwürdig und nachhaltig als erfolgreiche Geschäftsstrategie umzusetzen, erfordert neben viel emotionaler Begeisterungsfähigkeit auch den Mut, etwas anderes zu denken und auszusprechen als die üblichen Konzepte, in denen Marktanteile, Rendite und Potenziale im Vordergrund stehen.

Disziplin Nachhaltigkeit kann und darf keine Eintagsfliege sein, sondern ist eng verbunden mit einem strukturierten und langfristigen Umsetzungskonzept. Wer nachhaltig mit Nachhaltigkeitsstrategien Erfolg haben will, muss sich und sein Unternehmen diszipliniert auf das Thema vorbereiten und die jeweiligen Umsetzungsschritte eng und kritisch begleiten.

Vertrauen Wer den hohen Anspruch umsetzt, eine Balance zwischen *ökonomischen*, *ökologischen* und *sozialen* Anforderungen herzustellen, schafft Vertrauen bei Mitarbeitern, Kunden, Lieferanten und in der Öffentlichkeit.

Menschlichkeit Führungskräfte, die *ökonomische*, *ökologische* und *soziale* Belange in ihre Strategien einbinden, stellen sich ihrer

Verantwortung gegenüber heutigen und zukünftigen Generationen und zeigen damit ein hohes Maß an Humanität.

Intelligenz Jedes Unternehmen muss sich mit der Zukunft, ihren Chancen und Risiken auseinandersetzen, um nachhaltige Strategien zu entwickeln. Die Umsetzung dieser Strategien erfordert zwingend einen großen Einsatz von Wissen und Erfahrung, die zunehmend vernetzt werden müssen. Dies erfordert einen hohen Grad von Intelligenz, der über eine konsequente Teamarbeit gewährleistet werden kann.

Glaubwürdigkeit Nur Unternehmer, die einen langfristigen und konsequenten Prozess in Richtung Nachhaltigkeit vorantreiben, werden Erfolg haben. Wankelmütigkeit stellt das gesamte Konzept infrage. Wer aber an dem eingeschlagenen Weg festhält und dies auch nach innen und außen kommuniziert, gewinnt an Glaubwürdigkeit – ein hohes Gut, dessen Bedeutung in Zeiten der wirtschaftlichen Unsicherheit weiter wachsen wird.

Die Welt verwandeln

Die Zeit, in der wir uns die Welt auf Kosten anderer untertan machen wollten, ist vorbei. Die sozialen Verwerfungen und ökologischen Krisen sind so massiv geworden, dass unsere alten Denkmuster nicht mehr lange greifen können. Es ist längst überfällig, die hohe Komplexität und Verbundenheit unserer Welt anzuerkennen. Es ist höchste Zeit, Verantwortung für die Natur zu übernehmen, Vielfalt zu leben und tiefgreifende Veränderungen zuzulassen. Doch wie gestalten wir eine Welt, in der alle Menschen einen Platz und genug zum Leben haben?

Das können wir herausfinden, indem wir gemeinsam umdenken und gemeinsam anders handeln. Wir kommen in kleinen Schritten voran, wenn jeder von uns bei sich selbst anfängt. Bei seinem eigenen, persönlichen Wachstum, das sich nicht nur – wie in diesem Buch vorgeschlagen – auf die moralische Integrität beziehen sollte, sondern auch auf emotionales und kognitives Wachstum.

Diese Arbeit am persönlichen Wachstum kann die Fähigkeit steigern, in komplexen Situationen souverän zu handeln, mit Gegensätzen und Paradoxien gelassen umzugehen, völlig verschiedene Ideen zu verbinden, andere und sich selbst feinfühlig zu verstehen und Informationen nicht nur mit dem rationalen Verstand, sondern mit allen Sinnen aufnehmen und verarbeiten zu können. Dies alles sind notwendige Fähigkeiten, um in einer immer komplexer werdenden Welt erfolgreich zu sein.

Wir möchten Sie dazu einladen, sich mit uns auf dieses Abenteuer einzulassen – und nichts weniger zu tun, als für eine bessere Welt zu kämpfen. Wie Hannibal wissen Sie von Anfang an, dass Ihre Chancen klein sind. Aber kämpfen Sie trotzdem, getragen von der ganzen Wucht Ihrer persönlichen Werte!

Literatur

Beck, Don Edward; Cowan, Christopher C.: *Spiral Dynamics – Leadership, Werte und Wandel.* Bielefeld: J. Kamphausen Verlag, 2008

Berner, Winfried: »Angst: Die wichtigste Emotion in Veränderungsprozessen«. http://www.umsetzungsberatung.de/psychologie/angst.php

Brown, Barrett C.: »Theory and Practice of Integral Sustainable Development. Part 1 – Quadrats and the Practitioner«. In: *Journal of Integral Theory and Practice*, 1(2), 2005, S. 1–39

Buchinger, Kurt; Schober, Herbert: *Das Odysseusprinzip. Leadership revisited.* Stuttgart: Schaeffer-Poeschel, 2008

Christ, Karl: *Hannibal.* Darmstadt: Primus Verlag, 2003

Comte-Sponville, André: *Ermutigung zum unzeitgemäßen Leben. Ein kleines Brevier der Tugenden und Werte.* Reinbek: Rowohlt, 1998

Csikszentmihalyi, Mihaly: *Flow im Beruf. Das Geheimnis des Glücks am Arbeitsplatz.* Stuttgart: Klett-Cotta, 2004

Dilk, Anja; Littger, Heike: »Des Guten zu viel«. In: *ManagerSeminare*, März 2010, S. 24–30

Doppler, Klaus: »Über Helden und Weise. Von heldenhafter Führung im System zu weiser Führung am System«. In: *OrganisationsEntwicklung*, Heft 2, 2009, S. 4–13

Eidenschink, Klaus: »Das narzisstisch infizierte Unternehmen«. In: *OrganisationsEntwicklung*, Heft 1, 2003, S. 4–15

Fuchs, Werner T.: *Management by Heroes: Warum wir Vorbilder brauchen und ihnen folgen.* Berlin: Cornelsen, 2009

Gigerenzer, Gerd: *Bauchentscheidungen. Die Intelligenz des Unbewussten und die Macht der Intuition.* München: Goldmann, 2008

Gilbert, Dirk Ulrich: *Vertrauen in strategischen Unternehmensnetzwerken. Ein strukturationstheoretischer Ansatz.* Wiesbaden: Gabler, 2003

Hanh, Thich Nhat; Nguyen, Anh-Huong; Bern, Atma Priya H.: *Geh-Meditation.* München: Goldmann, 2008

Höffe, Otfried: *Lebenskunst und Moral.* München: C. H. Beck, 2009

Jung, Mathias: *Mut zum Ich. Auf der Suche nach dem EigenSinn.* Lahnstein: Emu, 1998

Kretschmer, Winfried: »Schöne Helden. Ein Gespräch mit Brigitte Witzer«. In: *changeX*, 11.10.2005, http://www.evolutionen.de/de/download/presse/changeX_interview.pdf

Littger, Heike: »Was Leader von Odysseus lernen können. Führen nach antikem Vorbild. Heike Littger interviewt Kurt Buchinger und Herbert Schober-Ehmer«. In: *ManagerSeminare*, Heft 114, 2007, S. 38–41

Littger, Heike: »Wir brauchen keine Helden«. In: *changeX*, 27.01.2003, http://www.changex.de/Article/article_927

Münchhausen, Marco von: *Wo die Seele auftankt: Die besten Möglichkeiten, Ihre Ressourcen zu aktivieren.* Frankfurt/New York: Campus, 2006

Neuberger, Oswald: *Führen und führen lassen.* Stuttgart: Lucius & Lucius, 2002

Norbert, Klaus: »Wahnsinn mit Methode. Unkonventionelle Entscheidungen«. In: *ManagerSeminare*, Heft 113, 2007, S. 18–22

Pawlowsky, Peter; Mistele, Peter; Geithner, Silke: »Hochleistung unter Lebensgefahr«. In: *Harvard Business Manager*, November 2005, S. 50–58

Raffay, Anita von, *Abschied vom Helden. Das Ende einer Faszination.* Olten/Freiburg: Walter-Verlag, 1990

Rebillot, Paul; Kay, Melissa: *Die Heldenreise. Das Abenteuer der kreativen Selbsterfahrung.* Norderstedt: BoD, 2008

Rytina, Susanne: »Nur Mut«. In: *Focus-Online*, 21.01.2009, http://www.focus.de/schule/dossiers/mut/tid-14929/psychologie-nur-mut_aid_418230.html

Schober-Ehmer, Herbert: »Heldenmythos und Leadership. Braucht ein Unternehmen Helden an der Spitze?« In: *Aufsichtsrat aktuell*, 6/2006, S. 2–3

Strid, Steve; Andréasson, Claes: *Die Wikinger kommen. Marketing auf Skandinavisch.* München: Redline Wirtschaft, 2008

Sutton, Robert I.: *Der Arschloch-Faktor. Vom geschickten Umgang mit Aufschneidern, Intriganten und Despoten im Unternehmen.* München: Hanser, 2006

Villette, Michel: »Der Unternehmer hat als Held längst ausgedient«. In: *Handelsblatt*, 26.2.2010, S. 8–9

Witzer, Brigitte: *Die Zeit der Helden ist vorbei: Persönlichkeit, Führungskunst und Karriere. Anleitung für postheroisches Management.* München: Redline Wirtschaft, 2005

Zürcher, Markus: »Wir brauchen keine Helden«. In: *Magazin SKO-Leader* 4/2004, S. 1–5

Zwygart, Ulrich: *Wie entscheiden Sie? Entscheidungsfindung in schwierigen Situationen – mit Fallbeispielen von Hannibal über John F. Kennedy bis Jack Welch.* Bern: Haupt, 2009

Danksagung

Worte des Dankes? Selbstverständlich, haben wir doch so viel über Werte geschrieben. Vieles ist in dem Begriff Menschlichkeit verwurzelt, der Dank sollte eine der stärksten dieser Wurzeln sein. Oder bleiben wir in diesem Moment noch eine Sekunde bei den Römern:

> »Keine Schuld ist dringender als die, Dank zu sagen.«
>
> Cicero

Fangen wir an: Wir wollen dem Leben danken, das für entscheidende Augenblicke in Wien, Moshi, Wolfsburg, Saarbrücken und Frankfurt gesorgt hat, ohne die sich die drei Autoren nie getroffen hätten und das ihnen die Chance gegeben hat, in großem gegenseitigen Respekt voneinander zu lernen.

Wir wollen der Offenheit danken, denn ohne diese hätten die Begegnungen wohl kaum Früchte tragen können. Offen war auch Anne Jacoby für unser Anliegen und unsere Gedanken, die sie – und wir sind der Meinung, es hätte niemand anders so gekonnt – gesichtet, geordnet und zusammengefügt hat. Danke Anne, für deinen Input mit Herz, Bauch und Verstand. Danke, einmal mehr dem Campus Verlag mit seinem ganzen Team für das Vertrauen und die wunderbare Betreuung.

Wir wollen dafür danken, dass es Werte gibt und dass viele Menschen noch nicht aufgegeben haben, daran zu glauben und nach ihnen zu handeln. Ohne all diese Menschen, die mutigen Entscheider und Teilnehmer, die tagtäglich starten, um sinnvoll zu handeln, wären wir wohl nicht auf den großen historischen Hannibal gestoßen. Die intensive und kritische Auseinandersetzung mit ihm hat uns alle sehr bereichert.

Der Dank gilt denen, die ohne Scheu mit »ja« geantwortet haben, als wir sie gebeten haben, über sie schreiben zu dürfen: den zu Freunden gewordenen »Hannibalisten«, die uns noch immer begleiten, herausfordern und uns dazu veranlassen, nicht nachzulassen.

Danke allen, die nie ein Moment aufgehört haben, an unserer Seite zu stehen und all denen, die verstanden haben, was das »Hannibal-Prinzip« ist, und zu welchem Mut es uns verhilft!

Danke!

Register

Über die Autoren

Joachim Franz Mein Weg zu den Werten war steinig: Eines Tages legte ich – ein übergewichtiger VW-Schichtarbeiter – den Schraubenschlüssel hin und beschloss, mein Leben zu ändern. Ich zwängte mich in eine Laufhose, setzte mich langsam in Bewegung, lief auf meinen ersten Marathon zu, radelte durch die Wüste, überquerte den Ural mit einem Tretroller und wusste immer: Eines Tages werde ich wissen, wozu das alles gut gewesen sein wird.

Ich suchte Sinn und entdeckte nebenbei eine ganz konkrete Aufgabe: Den weltweiten Kampf gegen HIV/Aids (www.waae.de). Das Ergebnis meiner ganz persönlichen Entwicklung war der Zugang zur Welt der Werte. Mit Menschen wie meiner Geschäftspartnerin Sandra Wukovich, meinen Freunden und Mitautoren Uwe Kuntz und Christof Kreimeyer formulierte ich so die Basis des Hannibal-Prinzips. Auf dieser Basis ist es uns heute möglich, ein komplettes Angebot im erlebnis-, erfahrungs- und handlungsorientiertem Coaching und Training anzubieten (www.hannibal-prinzip.de). Heute weiß ich: Manager mit starken Prinzipien führen mit einer natürlichen Autorität und Glaubwürdigkeit. Solchen Führungskräften folgen Mitarbeiter freiwillig – und nehmen dabei auch harte Wegstrecken in Kauf.

Uwe Kuntz Eigentlich wollte ich zur See fahren und Kapitän werden. Heute bin ich in meinem Beruf als Banker und Sparkassenvorstand sehr glücklich weil ich Projekte anstoßen und realisieren kann, vor allem aber, weil ich intensiv mit so vielen Menschen zusammen arbeite.

Gemeinsam mit meinen Vorstandskollegen will ich die Sparkasse Saarbrücken zu einer der erfolgreichsten Sparkassen weiter entwickeln. Dabei gehe ich gemeinsam mit meinen Mitarbeiterinnen und Mitarbeitern kreative und unkonventionelle Wege und setze mich mit Werten auseinander. Dies geschieht nicht zum Selbstzweck, sondern dient uns allen auf dem Weg hin zu einer sehr guten Partnerschaft mit unseren Kunden.

Dem Wert Menschlichkeit begegne ich am liebsten im Sport: Basketball, Fuß-

Joachim Franz und Uwe Kuntz beim Mountainbiken

ball, Fahrrad fahren, Wandern und Bergwandern begeistern mich, wobei ich weder talentiert noch schwindelfrei bin. Doch Wandertouren oder Radtouren geben mir immer wieder die Möglichkeit, Menschen unmittelbar zu begegnen – nicht zuletzt mir selbst.

Christof Kreimeyer Auf den Wert der Werte bin ich in vielen Coachings und Gesprächen mit Führungskräften gestoßen. Die Verbindung zu Hannibal haben wir Autoren dann gemeinsam hergestellt – wobei mich eher die psychologischen als die strategischen Hintergründe interessieren.

Ich selbst eigne mich überhaupt nicht dazu, hohe Bergmassive zu überqueren und bin auch bei nächtlichen Schneewanderungen nicht besonders heldenhaft. Mein Einsatz kommt *nach* den Hannibal-Expeditionen: Ich unterstütze Teams bei der Reflexion darüber, was während der Tour in der Gruppe passiert ist, warum sich wer wie verhalten hat und was das mit dem täglichen Miteinander im Business zu tun hat.

Vor allem aber helfe ich den Teilnehmern dabei, Visionen zu formulieren und konkrete Schritte zur Veränderung im Unternehmen, aber auch bei jedem selbst anzustoßen. Ich bin also so etwas wie der Bergführer für Grenzgänge, die im Inneren der Teilnehmer stattfinden – und nichts bin ich lieber.